イネの根

形態・機能・活力を読み解く

Shigenori MORITA

森田茂紀

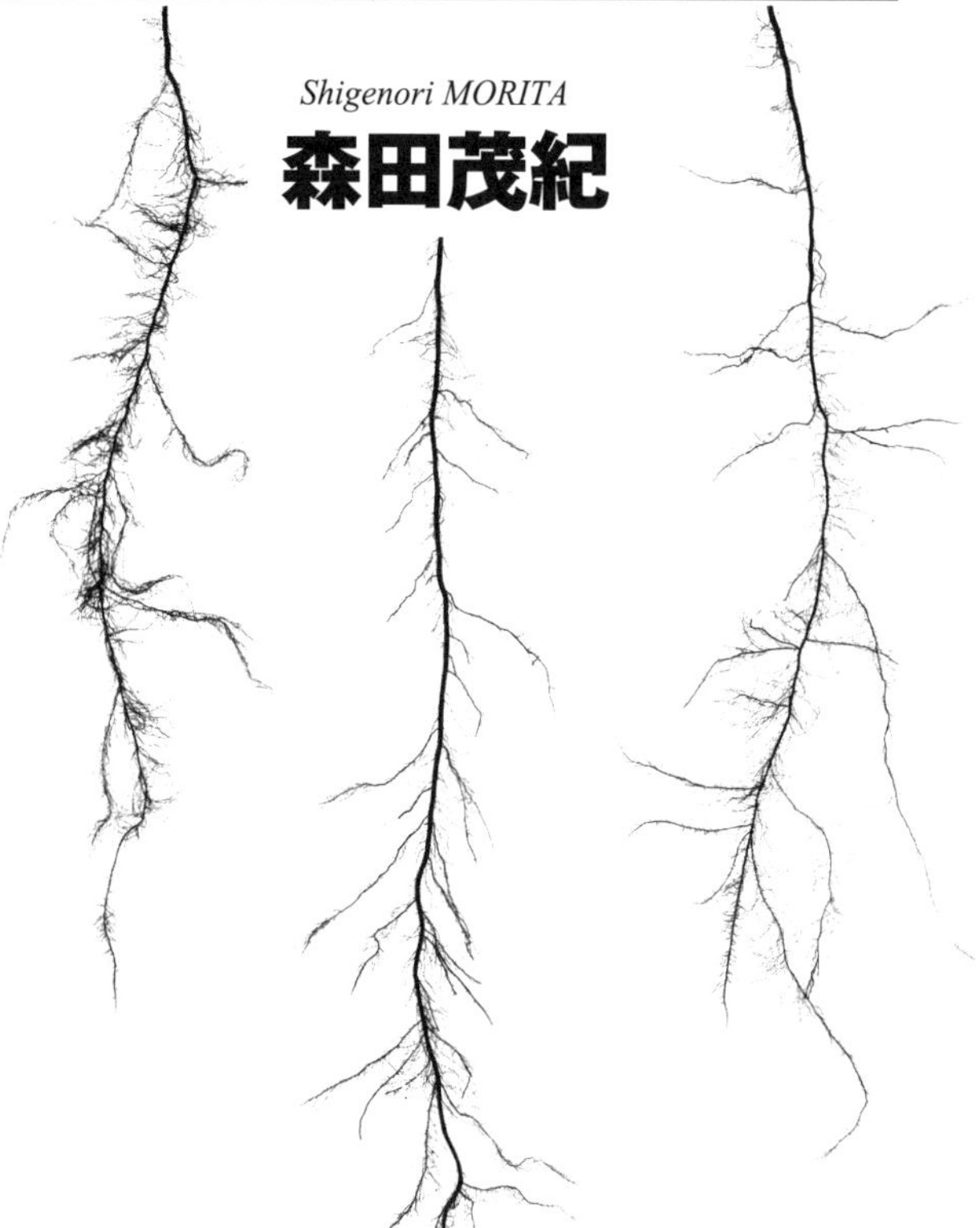

農文協

はじめに

作物を含む高等植物は、通常、根、茎、葉という3つの基本器官からなり、そのほかの構造、例えば花やトゲは、基本器官が変態したものと考えられている（熊沢 1979）。

基本器官の1つである根は、サツマイモやダイコンのように食用となる場合を除けば、直接の関心をもたれることが少ない。しかし、根が植物の生育や作物の生産において重要な役割を果たしていることを否定する人はいないだろう。

すなわち、根は植物の体を支え、生育に必要な養水分を吸収していることはいうまでもない。それだけではなく、様々な環境ストレスを感受し、それに反応して植物ホルモンを生産することなどが分かってきた。

ただし、根は土壌中で生育しており、直接目にすることはほとんどない。そのため、根は引っこ抜いてみなければ見えないため、科学的な研究には多くの時間と労力を要する。

また、引っこ抜いた根は、何をどのように測定したうえで、それをどのように評価すればよいかが、いまだ十分に標準化されていない（阿部 1996）。こういったことが、茎葉部に比較して根系の研究がなかなか進まなかった理由であろう。

また、草型や葉形などの茎葉部の形態は遺伝的に固定されているが、根系の形態は環境条件や栽培条件によって大きく変化する。このように、根の可塑性が非常に大きいことが、フィールドにおける根の研究を難しくしている背景の1つとしてあげられる。

ただ、長年にわたる地道な研究の積み重ねによって根に関する理解は少しずつ深まってきた。根の形態と機能を少しずつ読み解いていくと、環境条件や栽培条件に対する反応にはそれなりの規則性・法則性があることが分かり、根の形態と機能との関係を考察することも可能となってきた。

本書では、日本人にとって最も重要な作物であるイネを取り上げて、根についてこれまでに得られた研究成果を著者なりに取捨選択して整理した。それが今後の根の研究の展開に資することを期待したい。また、よく分からない根を経験と科学に基づいて少しずつ読み解いていくおもしろさを伝えることができれば幸いである。

2023年12月

森田茂紀

目次

緒論　なぜ、根なのか？

1. 根の研究の課題

農業の最終目標はヒトの食料、家畜の飼料、工業・エネルギーの原料などを安定的に供給することである。対象作物の栽培が基礎となるため、根系の管理が深く関わっている。

すなわち、耕地生態系における耕起、施肥、灌漑などの重要な栽培管理技術は、人間が土壌を介して作物の根に働きかけるものである。したがって、作物生産における根の役割を解明し、作物栽培にフィードバックさせていくことが必要となる。

根に関する研究は、もちろん食料問題として位置づけられているが、それに加えて、現在では、環境問題や資源・エネルギー問題とのトリレンマのなかで考える必要性が高まっている（森田 2018）。

例えば、喫緊の地球環境問題として地球温暖化（気候危機）がある。その原因は、人間活動に基づく二酸化炭素を中心とした温室効果ガスの濃度が上昇していることと考えられている。

最近は、二酸化炭素のほかにメタンも注目されている。メタンの二大発生源は水田とウシのゲップであり、農業が深く関わっている。

また、イネに限ったことではないが、作物の根からは有機物が分泌され、根が枯死すれば土壌中で有機物に分解される。したがって、エネルギー作物を栽培することで炭素を土壌中に貯留することができ、地球温暖化対策になる可能性がある。

このように、食料問題と環境問題とは密接に関連しており、根の研究はその要に位置づけられるといっても過言ではない。

2. 水稲根の研究史

本書では日本において最も重要な作物であるイネを対象とするので、まず水稲根の研究がわが国でどのように展開してきたかについて、簡単に振り返っておきたい。

日本作物学会が創立50周年を記念して作成した『日本作物学会50年の歩み』において山﨑（1977）は、それまでに『日本作物学会紀事』に掲載されたイネの根に関する論文はおよそ300報（うち第二次世界大戦終了前に発表されたものが約40報）あり、その数は必ずしも少なくないとしている。

山﨑（1977）は、1970年代半ばまでにおけるイネの根の研究を3期に分け、それぞれの時期における研究の特徴をまとめている。

《第1期　第二次世界大戦終了時まで》

この時期には、比較的単純な手法を用いて現象の記載が行なわれた。すなわち、塹壕法（佐々木 1932、川合 1942）で根系の形態・分布を調査したり、ポット栽培・根箱栽培したイネの根系を対象として根数・根量・伸長方向の検討が行なわれた（丁 1933、1937、岩槻・石黒 1936、佐藤 1937）。

また、佐藤（1941、1942a、1942b、1945）は根系の生育を定量化するための指標として、発根力を提案している。これは、各生育段階においてすべての根を除去して水耕液にさし、10日後における根数×根長と定義される。

栽培条件に関しては、例えば三浦（1933、1934、1935）が土壌水分条件や施肥条件と根系形態との関係を検討している。なお、この時期に、陸稲の根系に関する研究も行なわれている（松田 1931、田畑・手塚 1934a、1934b、森本 1940）。

《第2期　戦後の10〜15年》

この時期は、新しい研究手法の導入を通じて根の生理機能を明らかにしようとした時期である。この間に様々な研究が行なわれたが、例えば苗の発根力（Yamada and Ohta 1957a, 1957b）、湿田における根の生育（木戸・武舎 1954、林ら 1957）、根の酸化力（土井 1952a、1952b）、根の通気組織（山田ら 1954）などがある。そして、これらの研究の相互関連が少しずつ認識されるようになっていった。

《第3期　1960年前後～1990年前後》

この時期には、改めて根の形態への関心が高まり、機能との関連も含めて形態形成論的な研究が展開された。

すなわち、第3期の前提としたイネの生育の規則性に関する発育形態学的な研究が展開した（片山　1951、藤井　1961、川田ら　1963）。これは茎葉部の生育だけでなく、根系を含む稲体全体の発育形態学的な体系として理論化されていく（川田グループの一連の研究成果がそれで、森田　2000を参照）。

これらの研究成果は英語で発表されなかったため海外への発信が遅れたが、日本が世界に誇る発育形態学の研究成果といえる。

以上のように、1990年前後までのイネの根の研究を思い切って整理すると、根を掘ってみたらこうであったという記載的研究から始まり、次に根系を構成する根の数や長さの測定という定量的な研究が行なわれた。

その後、少しずつ科学的な手法や視点が取り入れられ、続く第4期（後述）における研究展開の基礎としての発育形態学的な視点が確立した。

図0-1　わが国でイネの根研究を体系的に進めた川田信一郎

第1期と第2期において早くからイネの根に関心をもった研究者がいたものの、必ずしも体系的・組織的な根の研究が行なわれたわけではない。山﨑がいう第3期になって根の研究が増えるとともに、3つの研究拠点が形成されてきた。東京大学農学部の川田信一郎（図0-1）・山﨑耕宇のグループ、佐賀大学農学部の藤井義典・田中典幸のグループ、名古屋大学農学部の河野恭廣のグループである。

ここにきて、発育形態学的な視点からイネの根の研究がシステマティックに展開することになる。つまり、根に関する個別の研究が行なわれるだけでなく、それぞれの研究グループの研究成果がイネの生育の規則性を踏まえて体系化されていった。

上記の3つの研究グループのほかにも、イネの根の研究を進めた研究者が増えてきた。網羅的にあげることは難しいので、著者の主観に基づいて強く印象に残っている方々をあげると、例えば、高知大学の山本由徳、金沢大学の鯨幸夫、弘前大学の森敏夫、農水省の稲田勝美などが思いつく。

また、根に限らずにイネの生育全般にわたって形態学的な研究を進め、それを実際の稲作現場に還元してきた星川清親の業績は高く評価されるものである。名著『解剖図説　イネの生長』（農山漁村文化協会　1975年）は最近、高弟の一人である新田洋司によってその後の研究の展開を含めて改訂された（星川・新田2023）。

著者は、山﨑のいう第3期後半の1974年に東京大学農学部農業生物学科栽培研究室に入り、川田信一郎教授のご指導のもと、卒業論文としてイネの根に関する研究を始めた。川田グループによる研究が次々と学術論文の形で公表されていく時期であった。

その後、同研究室の大学院生、助手、助教授、教授の期間を通じて、山形県庄内地方の篤農家グループ（旧農村通信社講師陣）および「サヘルの会」というNPO（1987年1月にNGOとして設立、その後「サヘルの森」と改称・法人化、1999年11月に東京都からNPOとして認証）から現場での経験に基づくヒントを頂いて、また著者自身の内外での経験に基づいて根の研究を展開し、現在に至っている。

日本における水稲根研究の第3期をリードしてきた一人である川田信一郎は、東京大学を退官するにあたり、主要な研究業績を『水稲の根』（農山漁村文化協会　1982年）として取りまとめた。川田はこの論文集の冒頭に「水稲根との出会い―まえがきにかえて―」という小文を書いており、そのなかに次の文章がある。

「2．水稲根からの語りかけ　敗戦後間もない、昭和20（1945）年代前半、何処でも同じように、盛んに持たれていた農事研究会へ出席するために、山形県南置賜郡三沢村小野川（現在の米沢市南西部、著者による注）を訪ねた。丁度、半日ほど時間ができたので、村内の水稲をみて歩いたが、偶々そのとき、根は一体どうなっているのだろうかと、株を引き抜いてみた。足元に蛭がついたことを思い出す。根の色は濃赤褐色であった。他の二カ所の水田からも稲株を頂戴した。計三株となった。（中略）

そこでわかったことは、次のようなことであった。濃褐色の根が栽培されている水田は、村でも知られた強湿田であり、逆の、最も淡い赤褐色を呈している根をもつ株が作付けされていた水田は、暗渠が入った乾田で、中間の色の根の水稲が栽培されていた水田は、半湿田であるということであった。しかも分枝根にも相違がありそうにみえた。とくに強湿田の根と乾田の根の場合に、その差異は、明瞭であった。」

現場主義を貫いた農学者である川田の見識が集約されている文章といえる。すなわち、①目に見えない根に関心をもったこと、②実際に稲株を引っこ抜いてみたこと、そして、③根の色や形の違いを土壌条件との関係から考察したことは優れた感覚に基づいたものである。

3. 根の研究の展開

水稲根の研究は地上部に比べると遅れながらも、第3期後半において急速に体系化が進んでいった。日本作物学会は『日本作物学会50年の歩み』に続く約25年間に『日本作物学会紀事』に掲載された論文を中心に文献レビューを行ない、２００３年に『温故知新』（日本作物学会 ２００３）を出した。

『温故知新』において著者は根の項目を担当し、新田洋司に根の生育、鯨幸夫に根系形態、山口武視に根の生理、中谷誠にイモ類の根に関するレヴューをお願いした。その結果も踏まえて第3期後半における研究をみると、根の研究の解像度が高まり体系化が大きく進んだこと（森田 ２０００）、根系を構成する個々の根に注目するだけでなく根系をシステムとしてみる視点が確立したことが特徴といえる。

研究史を年代で区切ることは難しいが、著者は１９９０年代前後からが、根研究の第4期ではないかと考えている。

この間の大きな出来事の1つとして、著者が発起人の一人となって１９９２年に根研究会（２０１３年に根研究学会に改称 Japanese Society for Root Research）を立ち上げたことがある。著者が初代会長を6年間務めたので、本会の創立と初期の活動については思い出話として記録させて頂いた（森田 ２０２３）。

従来の学会は主に対象や方法論で分類され、また学術の発展に伴って細分化されてきた。これに対して、根研究会は根と根をとりまく環境に関心をもつ者が、対象や方法論には関係なく構成した学会で、研究者だけでなく実践者・農業者も参加した。つまり、分野横断型の学会であることに大きな特徴がある。

ニューズレターとして始まった『根の研究』やオープンジャーナルである『Plant Root』を発行するとともに、多くの研究集会やシンポジウムなどを開催した。

また、『農業および園芸』（養賢堂）誌上において「植物の根に関する諸問題」という連載を２００回にわたって継続する（１９９３～２０１１年）などの活動を通じて、日本そして世界の根の研究を牽引してきたといえる。この連載記事は随時『根の研究の最前線１～７』としてまとめており、根研究会から購入できる。

また、著者が副会長を務めている国際根研究学会（ISRR International Society of Root Research）の第６回国際根研究学会国際シンポジウムを２００１年に名古屋国際会議場で開催できたことは、根研究会にとって非常に大きな出来事であった。

この国際シンポジウムは根研究会のメンバーを中心に組織委員会を構成して対応し、日本における根の研究のレベルの高さを広く世界に示すこととなり、その後の様々な国際交流活動へ展開していった。

世界的にみて、茎葉部に関する研究がある程度行なわれた結果、「残された部分」としての根が改めて注目されるようになってきたといえる。第４版が出ている『Plant Roots』（Eshel and Beeckman 2013）のサブタイトルが「The Hidden Half」であることや、『根の事典』（根の事典編集委員会　１９９８）が思いのほかロングセラーとなっていることがそれを示唆してい

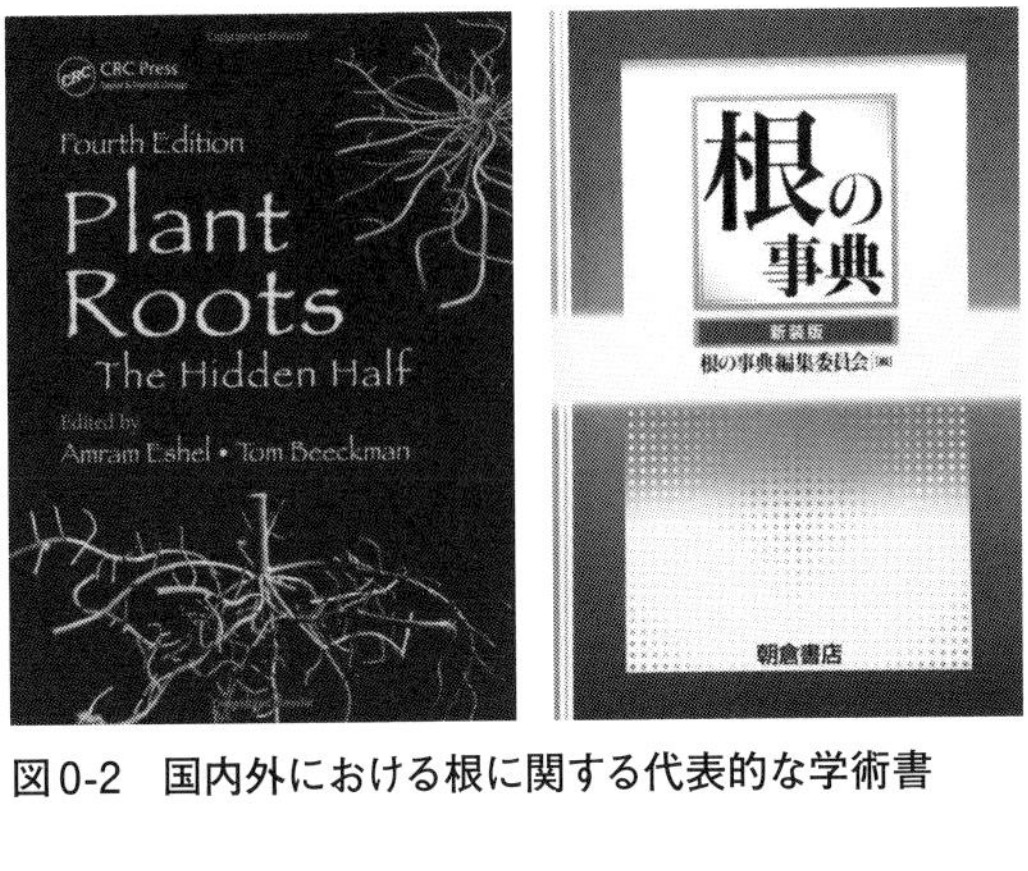

図0-2　国内外における根に関する代表的な学術書

る（図0-2）。
また、『Nature』の食料生産に関する特集号に「An underground revolution」（Gewin 2010）という根の研究の紹介記事が載ったことも、植物の根に関する関心が世界的に高まってきたことの現われであろう。

第4期における根の研究の特徴としては、第3期に展開した発育形態学の精度が上がり、体系化が進んだことがあげられる。そのうえで機能形態学的な視点が加わり、根の形態と機能との関係の考察が進んだ。電子顕微鏡レベルの研究は第3期から行なわれていたが（川田・頼 １９６７、川田・鄭 １９７９）、第4期ではとくに低真空走査型電子顕微鏡＋X線解析装置や蛍光顕微鏡を利用することで根の形態と機能の関係の考察が深まった（森田・阿部 １９９９ｃ）。

ここまで、イネの根の研究を振り返ってきた。収量形成に直接関係する光合成・物質生産の研究が華やかに進められた時期を中心に、根は必要ではあるものの光合成・物質生産から考えると、光合成産物の分配は少なく、小さい方がよいと考える研究者もいたと聞いている。

つまり、地上部の研究に比べると、根の研究の重要性は学界全体で認識されていたわけではない。そのような厳しい状況下で、自らの見識に基づいて根に関する研究を地道に展開してきた方々に深く敬意を表したい。

近年では、モデル器官すなわち実験材料としての根をに対する関心が高くなってきたことも大きな流れといえる（森田・阿部 １９９９）。すなわち、茎葉部は解剖しなければ茎頂分裂組織付近における器官形成・組織形成を検討できないのに対して、水耕を行なえば根をリアルタイムで直接観察することが可能であり、細胞生物学や形態形成学における実験材料として大きなメリットがある。

研究者が根に関心をもつ理由は様々であるが、根に関する研究が進むことは学術的にも農業的にも歓迎されることである。

日本作物学会は、２０２７年に創立１００周年を迎える。それを前に、本書では日本において最も重要な作物であるイネを取り上げ、著者もその一員であった川田・山﨑グループおよび著者自身の経験的・科学的研究の成果を整理した。根研究の第5期における展開と、研究成果の農業現場へのフィードバックを期待したい。

4．本書の構成

本書で取り上げている内容は、主に第3期と第4期における研究成果であり、取捨選択したうえで著者の観点から整理を試みた。各章は相互に密接に関係しているが、大まかにみると3部構成となっている。

第1部は第1章〜第7章で、根の研究に関する問題提起をしたうえで発育形態学的な内容を取り上げている。

前半の第1章〜第3章では、根系全体に関する内容について方法論を含めて解説し、後半の第4章〜第7章では根系を構成している冠根と側根の形態と生育、そして栽培条件による影響を整理した。

第2部は第8章〜第10章で、機能形態学的な側面から根を取り上げて、収量との関係について検討した。すなわち、ここでは出液速度や出液成分を手がかりとして収量形成について考察した。

第3部は第11章と第12章からなり、根の研究全体に関わる視点や考え方として重要なポイントを取り上げた。そして、根に関する研究全体を「根のデザイン」というアイデアから整理し、イネの栽培を根に重点をおいた生育診断と生育調整として捉えることを試みた。

引用文献は必ずしも網羅的ではなく、本書で取り上げた内容に直接に係るものに限定している。すなわち、著者も所属した川田・山﨑グループの研究成果と、その後の森田の研究成果が中心となっている。

必要に応じて森田の4部作、すなわち『根の発育学』（東京大学出版会　2000年）、『根のデザイン』（養賢堂　2003年）、『根の生態学』（シュプリンガー・ジャパン　2008年）、『根の事典』（朝倉書店　1998年、2009年）のほか、『日本作物学会50年の歩み』（日本作物学会　1997年）、『温故知新』（日本作物学会2003年）『稲学大成』第1巻（農山漁村文化協会　1990年）を利用して頂ければ幸いである。

また、索引では根に関する用語を中心に拾い、必要と考えるものには英語を付したので、ご利用頂きたい。

第1部

根の生育と形態

第1章 根系の形態と形成

イネの根系を研究するには、まず根系を水田から掘り出して形態や分布を定性的に捉え、続いてそれを定量化する必要がある。本章では、水田で慣行栽培した水稲の根系の形態と形成の概要をおさえておく。すなわち、方形モノリス法という伝統的な方法とミニライゾトロン法という新しい方法を利用して得られた研究成果を整理する。

1. 水稲根系の形態

フィールドにおける根系研究では塹壕法（Weaber 1926）が利用されるが、イネは通常、湛水状態で栽培されるため「方形モノリス法」（図1-1、安間・小田1957）を使うことが多い。

方形モノリス法では、まず茎葉部の生育調査を行ない、平均的な生育を示す稲株を選定する。これは茎葉部の生育、とくに茎数と根系形成とが対応していることが経験的に分かっているからである。

図1-1　方形モノリス法による水稲根系の調査（森田茂紀原図）
左上：生育調査の結果に基づいて調査株を選定する、右上：コの字型の鉄枠を打ち込む、左下：コの字を閉じる鉄板を打ち込んでから全体を掘り出す、右下：外枠を外すと根を含む土壌モノリスが得られる（犂床の深さの測定）

調査株を選定したらコの字型の鉄枠を打ち込み、次にコの字を閉じるように鉄板を打ち込んでから全体を掘り出す。そして鉄枠と鉄板を外すと、根を含む方形の土壌モノリスが得られる。

モノリスというのは分野によって意味が異なるが、立方体の土や岩石の塊をさすことが多い。また、転じて根の研究ではモノリス法に使う鉄枠や鉄板などの道具をさすこともある。

このようにして掘り出した土壌モノリスにシャワーで水をかけ、根が元の位置から動かないようにピンで留めながら、ピンセットで土壌を丁寧に取り除いていく。そうすると最終的に土壌中における根系像を得ることができる（図１‐２）。

図1-2　方形モノリス法による水稲根系の調査（森田茂紀原図）

根系の形態は、栽培条件や環境条件による変異が茎葉部よりも大きい。この特性を可塑性と呼ぶ。そのため、根系調査の精度を上げるためにはできるだけ反復やサンプル数を増やしたい。

しかし、方形モノリス法は調査に多くの時間と労力を要する（水稲１株を採取するのに４人で約半日かかる）。また、水田を少なからず荒らしてしまう問題もある。

そのため、方形モノリス法は反復やサンプル数を増やして精度の高いデータを取るには必ずしも適していないが、ビジュアルな根系像が得られることが大きなメリットである。

図１‐２は、山形県の農家水田における根系調査の様子で、方形モノリス法で根系を採取し、その場で写真を撮影して根系画像を記録している。

図１‐３は、方形モノリス法によって得られた成熟期（出穂後33日目）の水稲根系である。水稲根系は通常、土壌表面から深さ30～40㎝に分布している。中央の白線は犂床を示しており、上の白線が示す土壌表面から深さ15㎝ほどのところにある。

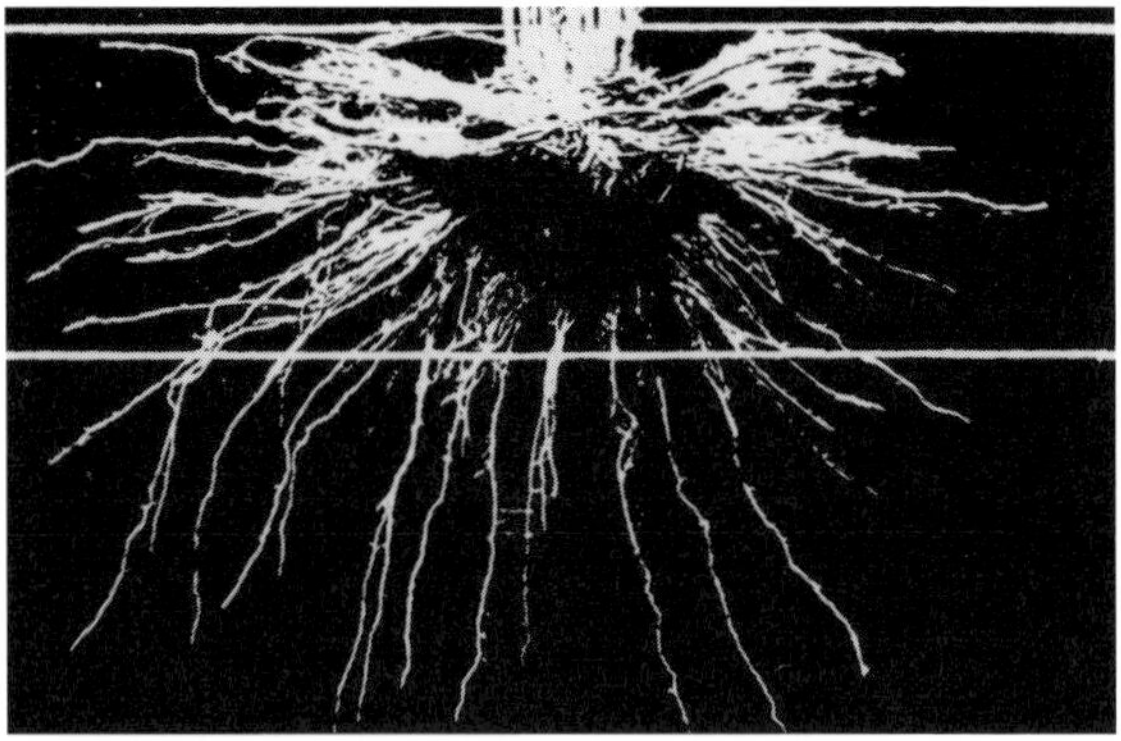

図1-3　成熟期における水稲の根系形態
（川田ら 1963）
上の白線は土壌表面、中央の白線は犂床をそれぞれ示しており、両者の間は約15㎝である

土壌表面から犂床までは作土と呼ばれ、耕起を行なう部分である。作土のうちのとくに土壌表面から深さ5㎝までに「うわ根」と呼ばれる根が生育後期にマット状に形成される。うわ根は側根形成が著しいという特徴がある（図1-4）。

一方、犂床から下は心土と呼ばれる。心土は耕起されないため硬いが、ここにも冠根が分布する。株下の心土に分布する冠根は直下根と呼ぶことがある。

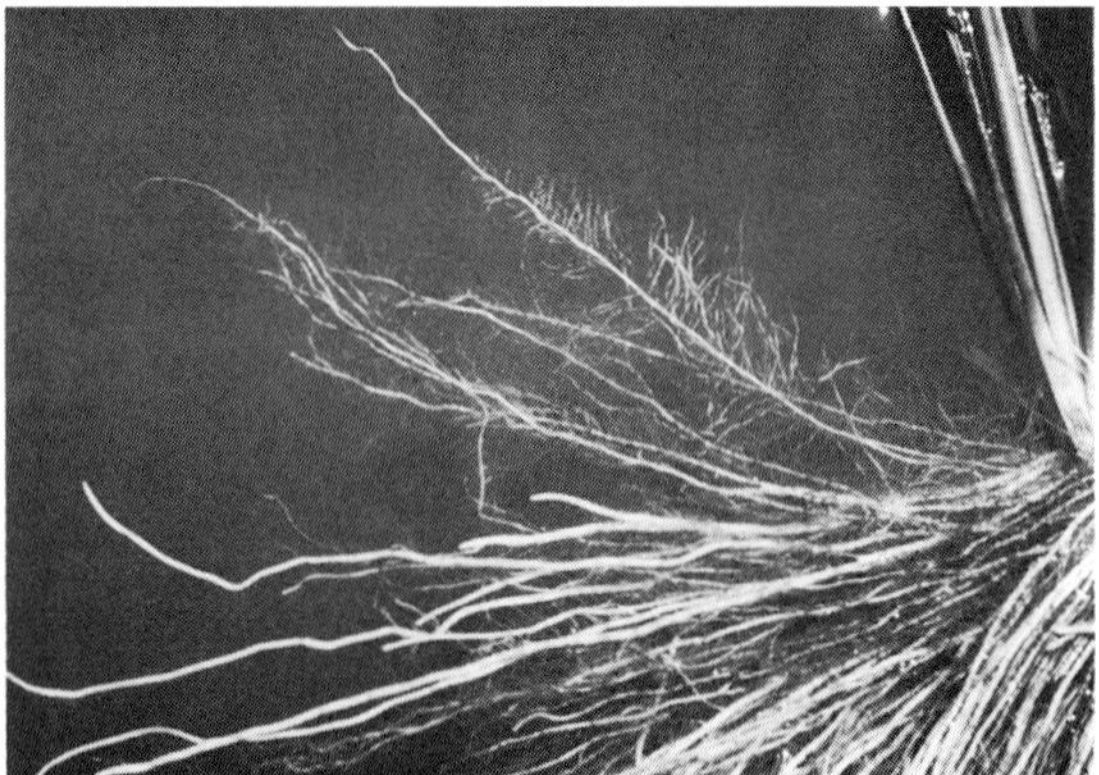

図1-4　うわ根を構成する冠根と側根
（川田 1982b）

根系を構成している根は茎部分から出現したもので、イネ科畑作物では一般に節根というが、イネでは慣例的に「冠根」と呼んでいる（図1-5）。

成熟期における水稲1株の根系を構成する冠根は数百～1000本程度で、それぞれの冠根には1㎝当たり20本程度の側根が形成される（図1-5）。側根は分枝根ということもある。冠根と側根には根毛が形成されるが、根毛は根の表皮細胞の突起であり、根ではない（図4－10）。

2. 水稲根系の形成

前節では、水田で栽培したイネの成熟期における根系形態をみた（図1－3）。これは苗を移植して一定期間生育し、出穂・登熟を経て刈取り直前に達した根系である。

イネの収量（単位面積当たりの生産量）を安定的に向上させていくには、最終的な根系形態だけではなく、茎葉部の生育に伴って根系がどのように形成されるかという生育過程もみておく必要がある。

根系の形成過程を理解するためには、方形モノリス法を繰り返して茎葉部の生育に伴う根系像を並べてみればよい。

稲作では生育がそろった苗を移植して同じ栽培管理を行なうので、地上部の生育と同様に根系形成も均一に進むと考えられる。

そのため、生育に伴う根系像を並べれば、根系の形成過程を再現することができる。このようにして得た結果が、図1－6である。

イネでは葉の形成と出現が規則的に進み、これと同調して根系形成も規則的に進むことが明らかになっている（藤井 1961、川田ら 1963）。茎葉部の生育とともに根系は大きく深くなり、成熟期には根域と到達深度は深さ約30～40㎝になる。根域とは根が分布している土壌領域全体を、また到達深度は根が最も深

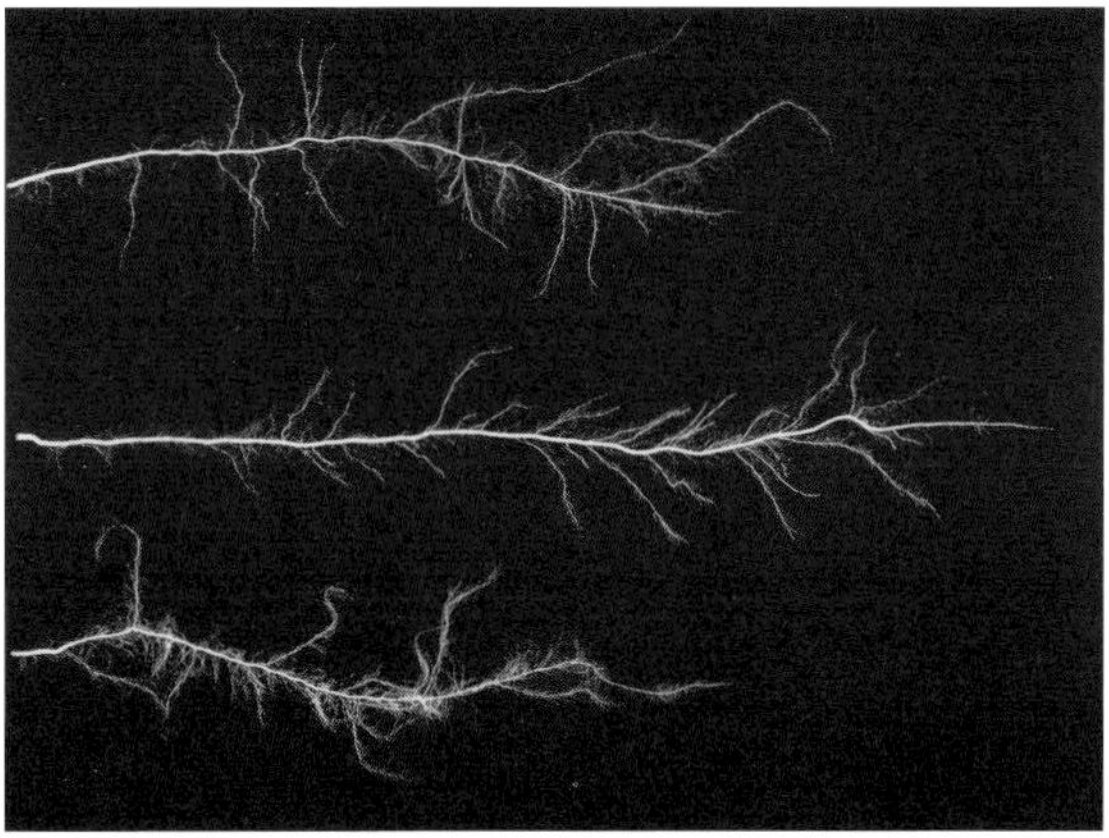

図1-5　水稲根系を構成する冠根と側根
（川田・副島 1974を一部改変）

くまで達している深さをいう。

根系を構成する冠根は、出穂期から穂揃期にかけて伸長をほぼ完了させるが、生育後期に形成された側根の伸長はそれ以降も続く。うわ根は登熟期に機能している可能性が高く、収量形成との関係が想定される。このことは本書の第10章で改めて考察する。

このように、根系の形成過程は、方形モノリス法の調査結果をつなぎ合わせることで再現することが可能である。ただし、方形モノリス法は破壊的調査方法であり、同じ株の根系形成を追跡しているわけではない。

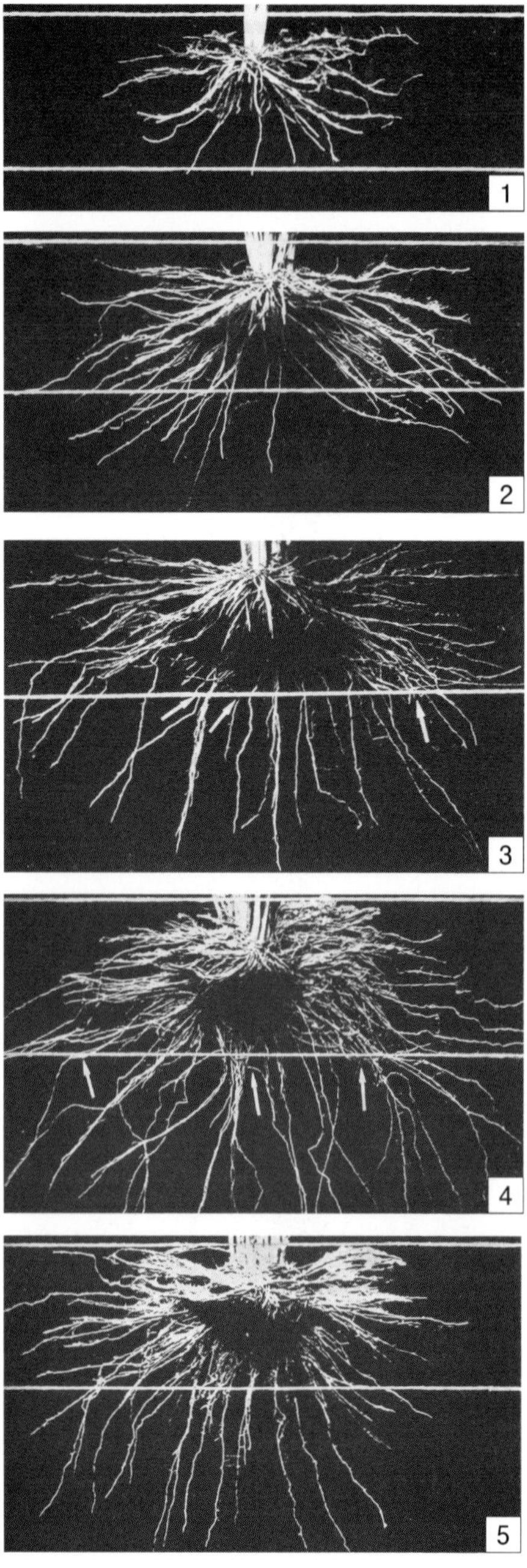

図1-6　方形モノリス法による水稲根系の形成過程（川田ら 1963）

1：移植 24 日後、2：移植 44 日後、3：移植62日後、4：移植85日後、5：出穂33日後（図1-3 に同じ）。いずれの場合も、上の白線は土壌表面、中央の白線は犂床をそれぞれ示しており、両者の間は約 15cmである同一個体の根系形成を追跡する方法としては、ライゾトロン法がある。これは土壌中に観測・測定のための部屋（ライゾトロン）を作り、ガラスやアクリル面に出現する畑作物の根の生育を継続して観察・測定する方法である。

ライゾトロンを設置するにはかなりの時間・労力・経費がかかるだけでなく、そもそも湛水状態の水田に設置することは難しい。

そこで、水稲の根系調査ではミニライゾトロン法（図1－7）を利用することがある。この方法では、土壌中にアクリル管あるいはガラス管を差し込み、そのなかにカメラやスキャナーを入れて、壁面に現われる根を追跡する方法である（図1－8、Taylor 1987）。アクリル管の壁面に現われた根を追跡すれば、根系形成の詳細を把握することができる。

ある時点で認められなかった根が一定時間後に出現している場合、その根はこの期間中に新たに形成された根である。反対にある時点で認められて、一定時間後になくなった根は、この間に枯死・分解したことになる。

図1-7　ミニライゾトロン法による水稲の根系調査（森田茂紀原図）

水田に差し込んだアクリル管にスキャナーを挿入して根を撮影し、同一根系の形成過程を観察する。上：東京大学大学院農学生命科学研究科附属生態調和農学機構の水田、下：岩手県雫石市に設置されたRiceFACEプロジェクトの水田

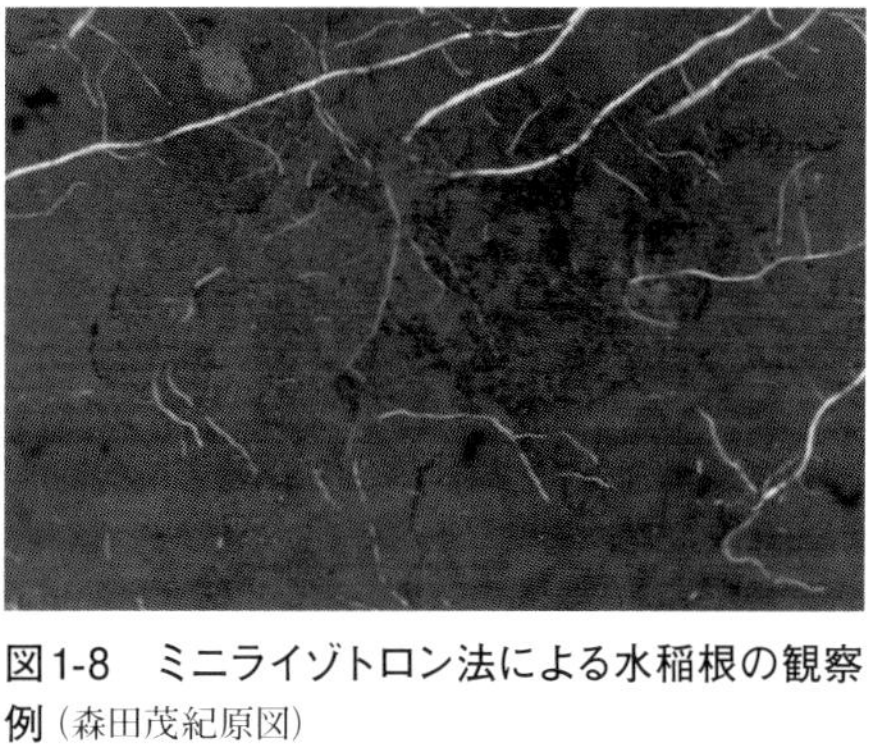

図1-8　ミニライゾトロン法による水稲根の観察例（森田茂紀原図）

冠根はアクリル管にぶつかると壁面に沿って生育する特性があるので、鉛直方向には挿入せず、通常45度傾けて差し込む。また、光が直接根にあたらないように地上部分はアルミ箔で覆い、雨や水田の水などが入らないようにフタをしておく。

ただし、ミニライゾトロン法による調査事例が増えてくると、この方法で根量を正確に定量化することは難しいことが分かってきた。異なる栽植間隔で植え付けた作物を対象にして比較検討できる根量データを取るのに、アクリル管をどこに何本挿入して、どういう計算をすればよいかを標準化することは難しい。

とはいえ、継続した観察で根系形成を動的に捉えることができるようになったことは大きな成果である。例えば、水稲根系において側根の形成が遅く、枯死が早いことが明らかになった。これは、根系機能における側根の役割について考察する場合に大いに参考になる知見である。

なお、畑作物の根系調査法には様々なものがあり、それぞれにメリット・デメリットがある（下田代ら２００３）。したがって、実際には根系調査の対象作物や調査目的に合致した方法を選択することになる。

その場合に考慮すべき項目としては、労力、施設・機器、経費、継続性、携帯性、サンプルの大きさや数、根の生育に与える影響などがある。一方、湛水状態で栽培するイネの場合には利用できる根系調査法が限定され、調査事例を増やすことが難しい。

まとめ

根系を研究するには、まず掘り出してみなければならない。水稲根系の調査では方形モノリス法が利用されることが多く、この方法を用いるとビジュアルな像が得られる。それを並べると茎葉部の生育に伴って根系が大きく深くなることが分かる。根域は深さ30～40㎝ほどで、土壌表面から深さ５㎝まではマット状のうわ根が形成されるのが特徴である。

ミニライゾトロン法を用いると、根系を構成する冠根と側根の形成の様相を把握できる。一方で、方形モノリス法もミニライゾトロン法も、根系を定量的に把握することは難しい。根系形成を科学的に検討するには定量化が必要なので、それについては次章以降で取り上げていく。

第2章　根量と分布の形成

根系の形態について科学的な検討を進めるためには、定量化が必要である。第1章で紹介した方形モノリス法とミニライゾトロン法はそれぞれにメリットがあるが、いずれも定量的な測定には必ずしも適しているわけではない。

すなわち、単位面積当たりの根長や根重、その分布を推定する方法論が確立していなかった。そこで、第2章では著者が開発した方法を紹介しながら、水稲の根量と分布の組合せで根系形態の定量化を試みる。

1. 根量と分布の定量化

(1) 円筒モノリス法

第1章でみたように、水田で栽培したイネの根系の形態を観察するには、方形モノリス法を利用することが多い。ビジュアルな根系像が得られるからである。ただし、方形モノリス法で得られる画像は、土壌中の根系の一部分をある断面に投影したものでしかない。

フィールドにおける根系研究をさらに科学的に進めるためには、根系形態を定量的に捉える必要がある。すなわち、いつ、どこに、どれくらいの根が形成されるか、それが土壌条件や地上部の生育に伴ってどのように変化するかを定量的に把握するということである。

方形モノリス法では、鉄枠をどこに打ち込むかが難しい。慣行稲作では、稲苗は条間約30㎝、株間約15㎝の間隔で栽培されている。これに対して、モノリスの大きさには決まりはなく、通常は長さ30㎝、幅10㎝、深さ40㎝程度の鉄枠を打ち込む。

モノリスの位置と向きをどのようにして、モノリス中の根量のデータから単位面積当たりの根長や根重を計算するにはどうしたらよいかは、統計学の専門家にとっても難問である。

土壌中における根の分布は均一ではなく、株下では根が多く、条間や株間では少ない。したがって、株を中心にしてモノリスを打ち込んでも、単位面積当たりの根量を算出することは難しい。

図 2-1　円筒モノリス法による水稲の根系調査（森田茂紀原図）

1：株下と 4 株中央にステンレス製の円筒を挿入する、2：円筒を掘り取る、3・4：円筒を取り外し、土壌表面から 5 ～ 10 cmの土層に切り分ける

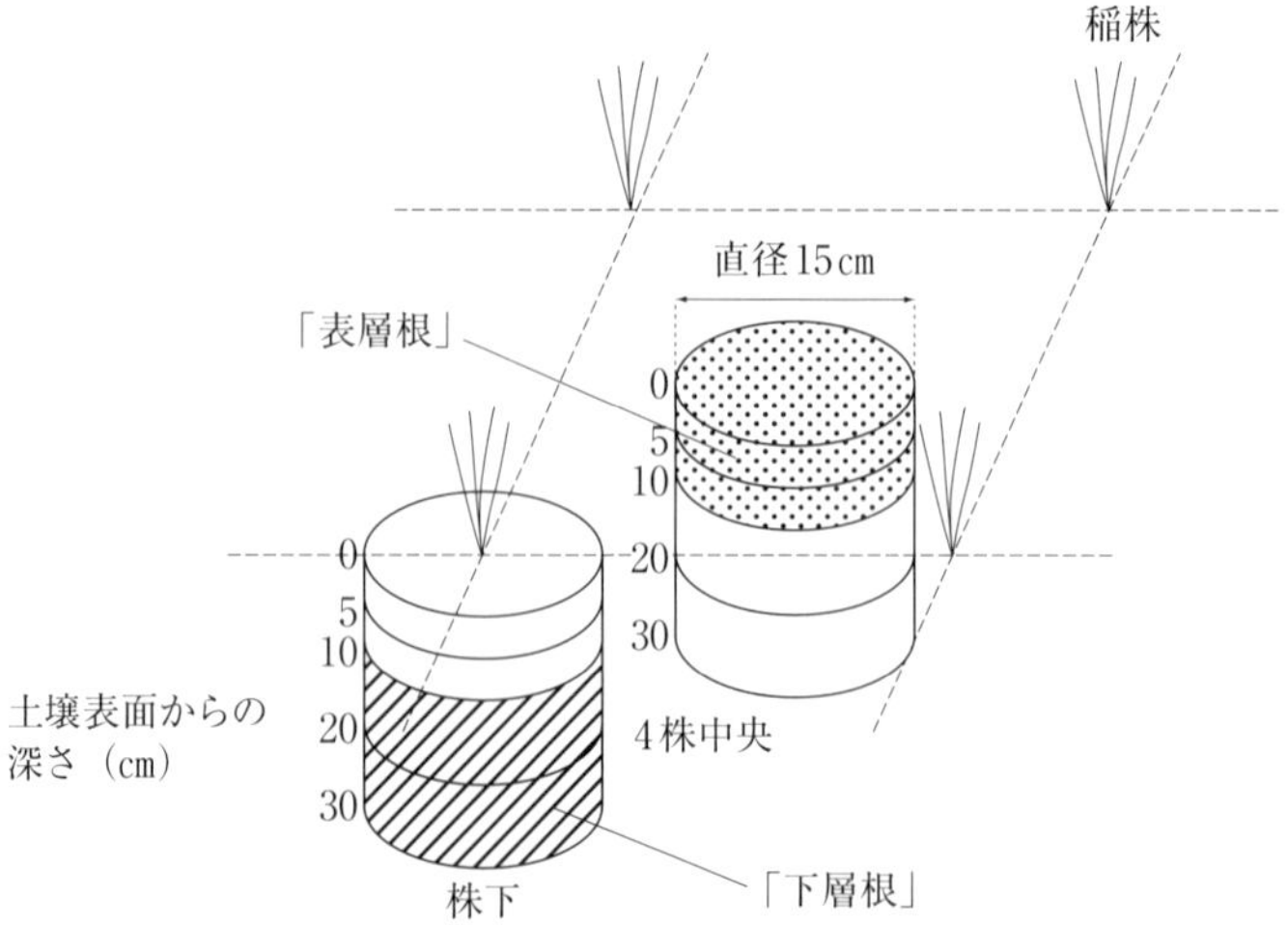

図 2-2　円筒モノリス法におけるモノリスの打込み場所（森田ら 1988b を一部改変）

そこで、モノリスを打ち込む場所も検討しながら根系調査方法の開発を試みた。著者が考案したのは、以下のような円筒モノリス法である（図２−１）。

最近の慣行稲作では条間は約30㎝、株間は約15㎝が目安になる。そこで直径15㎝のステンレス円筒を利用して株下と4株中央の2カ所から土壌モノリスを採取すれば、田面をほぼ過不足なくカバーすることができ、両者の測定値を平均すれば単位面積当たりの根長を推定できる（図２−２）。フィールド研究における根系の定量化では、この程度の精度で議論しても問題ないと考えている。

このようにして設置した円筒モノリスを掘り取り、円筒を取り外すと円柱形の土壌モノリスを得ることができる。これを包丁で土壌表面から5〜10㎝ごとの土層に切り分け、シャワーで水をかけながら丁寧に根を洗い出し、根量を測定する。

円筒モノリス法を用いれば、方形モノリス法に比較して根系採取の時間と労力、そして水田を荒らす面積を数分の一に軽減することができる。しかも、その後の作業や測定もやりやすい。

根量を把握する方法としてまず思いつくのは、根長や根重を測定することである。従来は根重を測定することが多かったが、これは、側根の長さを測定することが現実的でなかったからである。

冠根から枝分かれした側根は根重としては無視できるほどであるが、根長としては根系の大部分を占めること、また、その側根が養水分吸収において重要な役割を果たしていることが明らかになってきた。したがって、側根を含めた総根長を測定すること、できれば冠根と側根を区別して測定することが望ましい。

（2）根長の測定技術

従来は、側根を含む総根長を測定することは現実的ではなかった。1980年代になると、根長測定器としてルートスキャナー（図２−３）が海外から導入されて、側根を含めて数十ｍの根長でも10分ほどで測定できるようになった。ただし、測定の前処理に時間と労力がかかることは問題である（Morita *et al.* 1988a）。

ルートスキャナー法では、円盤に薄く水を張り、そこに適当な長さに切った根を入れて、できるだけ根が重ならないように注意してランダムな方向に広げる。ルートスキャナーのアームを円盤の中心近くに移動してスイッチを入れると円盤が回転を始め、それに伴ってアームがゆっくり円盤の中心から周辺に向かって移動する。円盤を挟むアームの下側に光源があり、上側に光感受センサーがあるので、円盤上の根の影の数を測定する。影の数から統計的な換算によって根長を算出できる。

円筒モノリス法における円盤状の土層体積は、円筒半径（7・5㎝）の2乗×π×土層の深さ（5あるいは10㎝）で算出できる。根長をこの土壌体積で割れば根長密度、根重について同様の計算をすれば根重密度が得られる。これらの値をグラフにすれば根系の量と

図2-3　ルートスキャナーによる根長測定
（森田茂紀原図）

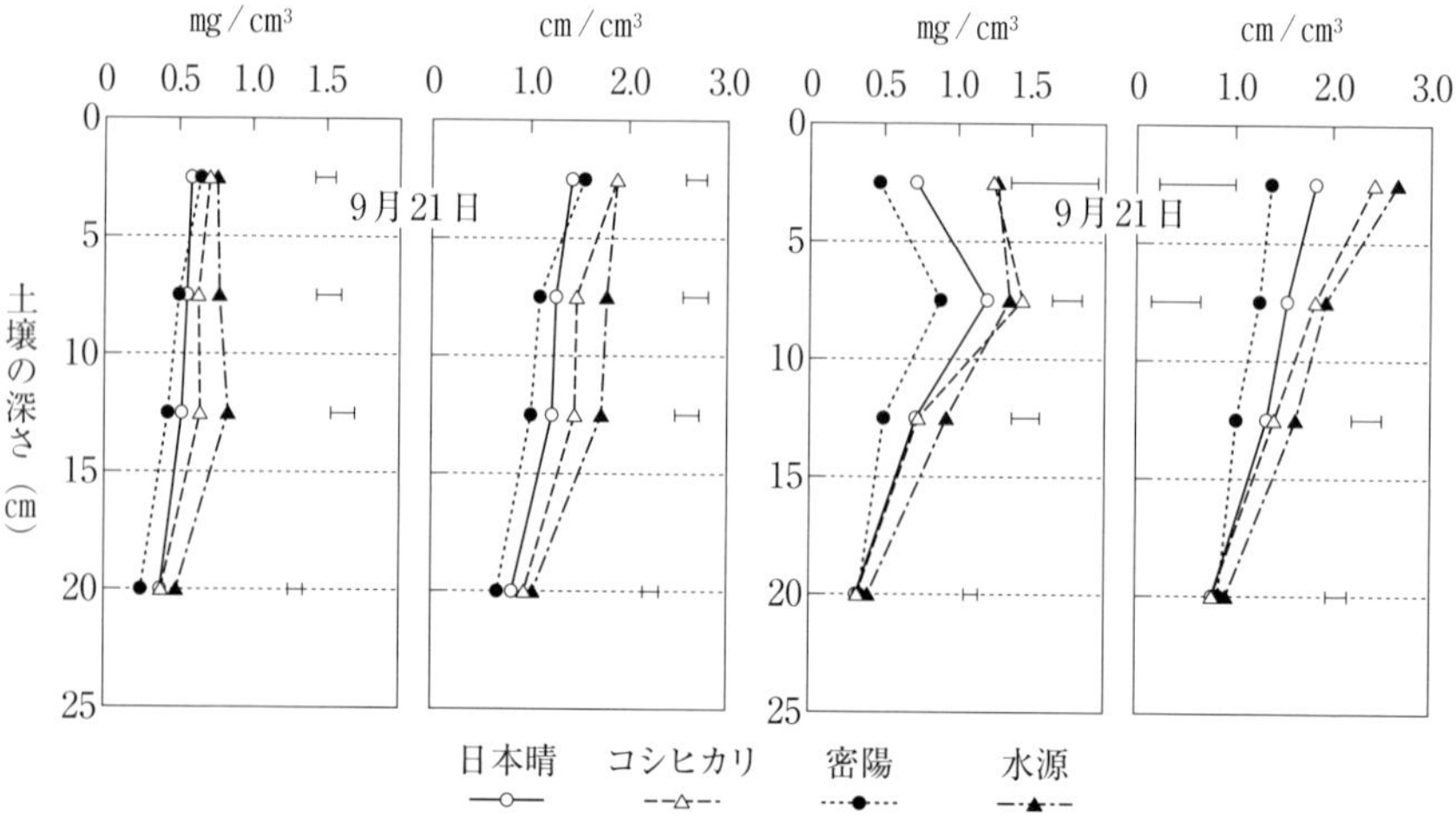

図2-4　土壌の深さ別の根長密度と根重密度（Kang and Morita 1994を一部改変）
右２つが株下、左２つが株間で、いずれも左が根重密度、右が根長密度

分布を把握できる。

図2–4は測定結果の一例で、これをみると品種によって根量やその分布に違いはあるが、①時間経過とともに根の賦存量が増えること、②根量は株間より株下の方が多いこと、③深いほど根量が少なくなり深さ20㎝くらいでほぼ一定レベルになることなどが分かる（Kang and Morita 1994）。

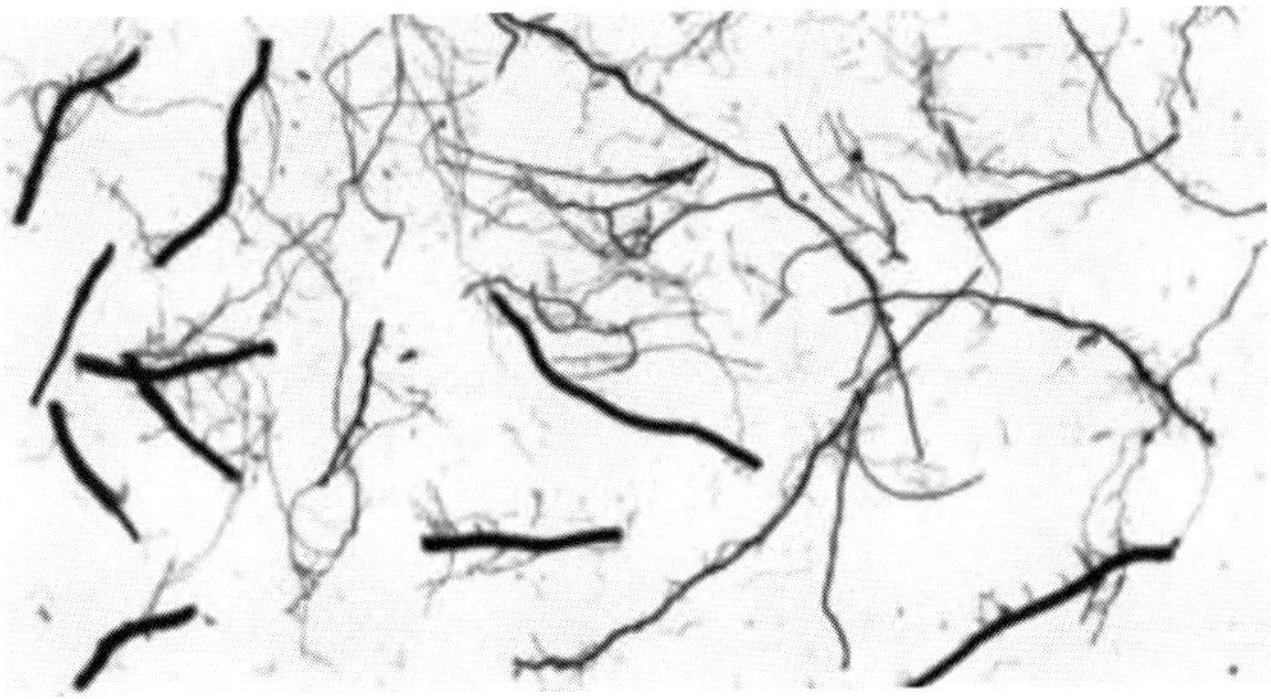

図2-5　根長測定のためのエリアンサスの根の画像（塩津文隆原図）

エリアンサスの根の画像。これを根長測定ソフト（WinRHIZO）を使って測定すると、根の直径別の長さを測定できる

現在は画像解析の技術が発達したため、ルートスキャナーは使われない。最近の画像解析を利用すれば直径別に根長を測定することもできる。したがって、「最も細い冠根」と「最も太い側根」との境界の数値を予備調査で設定すれば、冠根と側根を区別して根長について考察することもできる（図2–5）。

（3）比根長

従来、根系形態に関する指標の1つとして、比根長が利用されることがあった。これは根長を根重で割った値で、これを利用すれば根の直径や分枝程度を議論することができるという考えに基づく。

すなわち、比根長が大きければ根の直径が小さいか、分枝が発達していることを、小さければその反対であることが考えられる。しかし、経験的に精度が高くないことが分かってきた。

したがって、画像解析技術が発展して側根を含めた総根長が測定でき、冠根と側根とを区別して議論できるようになったことは、根の研究にとって非常に大きな前進といえる。

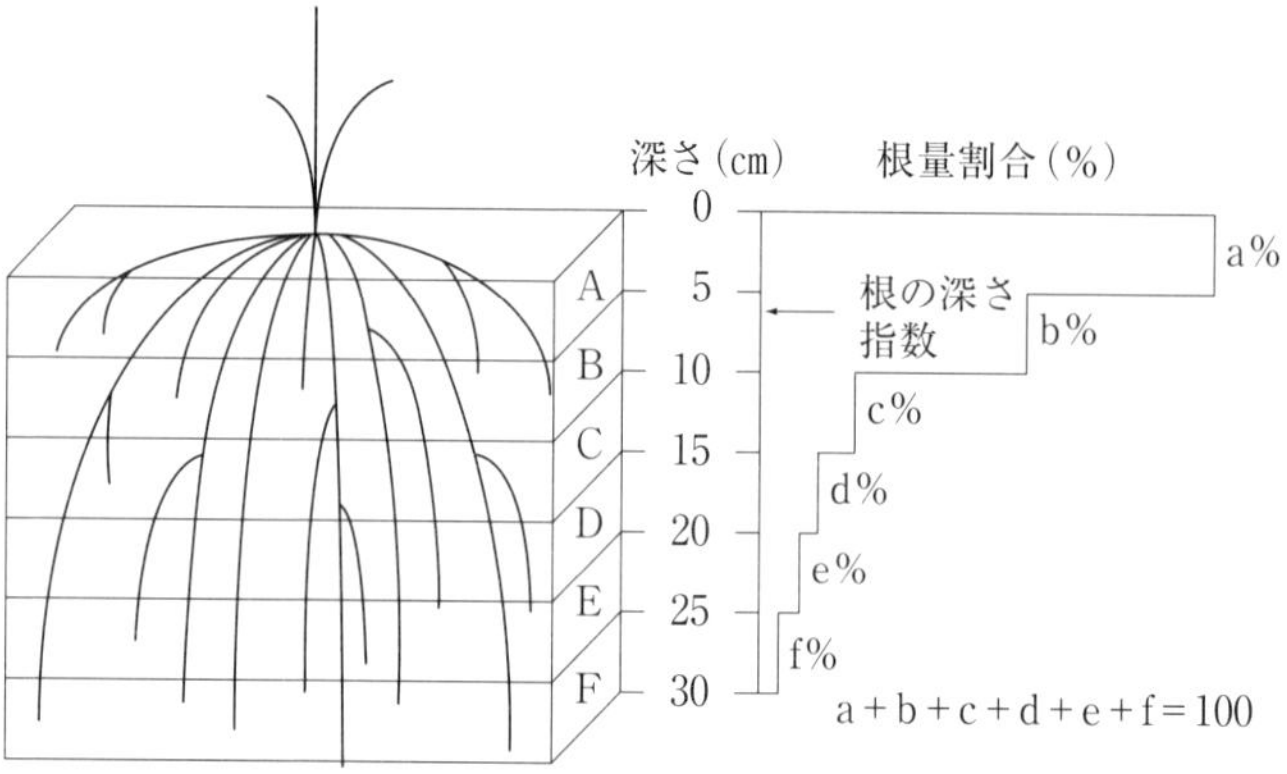

$$根の深さ指数(cm) = \frac{2.5a + 7.5b + 12.5c + 17.5d + 22.5e + 27.5f}{100}$$

図2-6　根の深さ指数の算出方法（小柳 1998）

深さ30cmまでの根を深さ5cmずつの層に分けて根量を測定した場合の計算例。土層の深さの中央値（例えば、深さ10～15cmなら12.5cm）に、その土層に含まれる根量の割合（例えば、深さ10～15cmならc%）をかけたものを足して100で割る。単位はcm

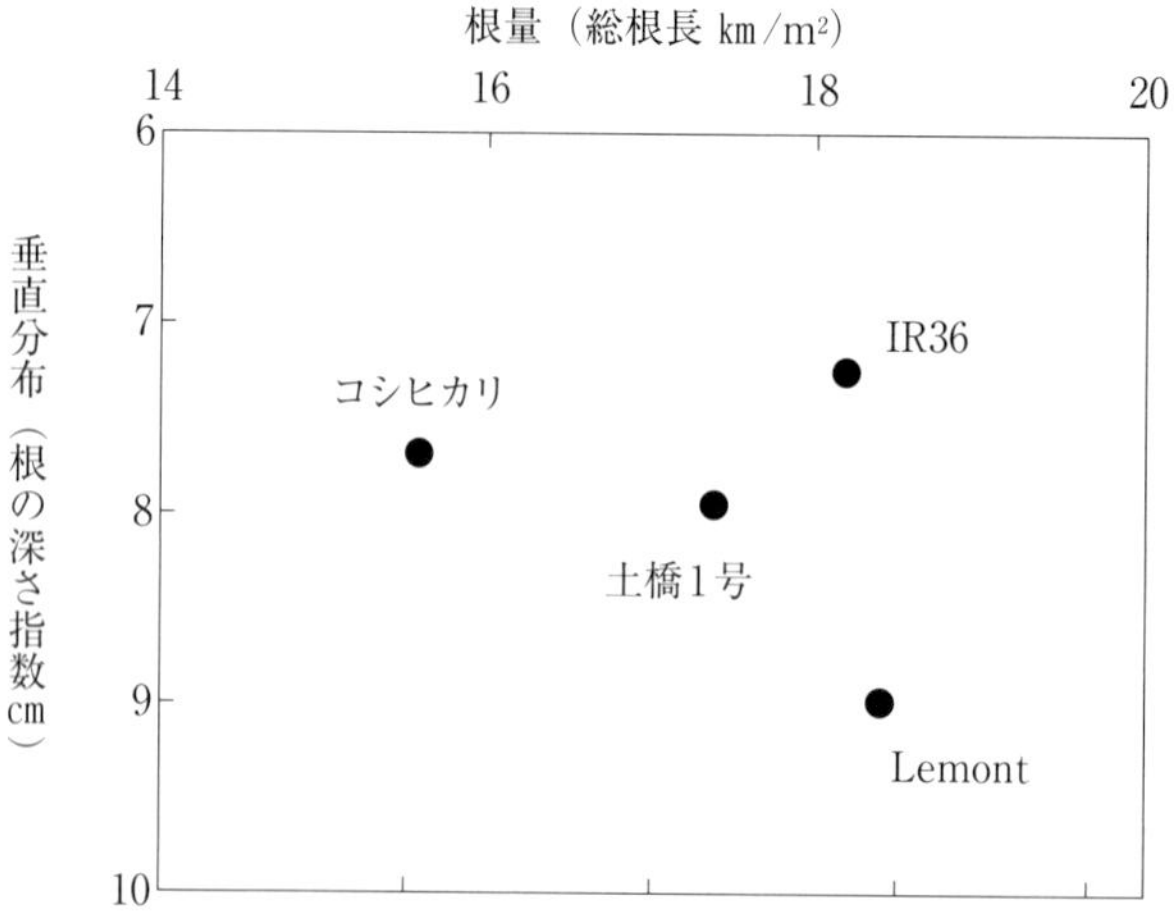

図2-7　根長と根の深さ指数の組合せによる水稲根系の品種間比較
（森田茂紀原図）

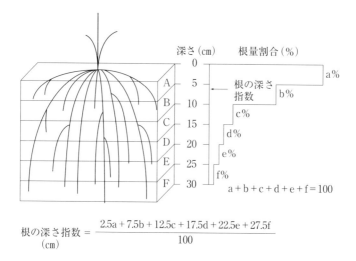

（4）根の深さ指数

このようにして、現在では根長測定を標準化することができるようになった。また、根長を利用して根系分布を定量的に把握するために、「根の深さ指数」という指標が提案されている（図2−6、小柳 1998）。

根の深さ指数は、土壌表面から調査を行なった深さまでに分布する根長の50%が含まれる深さ、すなわち根系の重心の深さを示す指標で、単位は㎝である。根の深さ指数の値が大きいことは深根性を、反対に小さいことは浅根性であることをそれぞれ示している。

根の深さ指数は優れた指標であるが、この指標では直接根量を検討することはできない。そこで、根系形態を特徴づけるために、①根量（根長密度）と、②分布（根長密度の分布から算出した根の深さ指数）とを組み合わせて検討を行なった。

横軸に根長、縦軸に根の深さ指数を取ったグラフに品種のデータをプロットすると、根系形態を定量的に比較検討することができる（図2−7）。すなわち、根量はほぼ同じでも深さが異なる場合もあれば、同じ深さ指数で根量が異なる場合もある。したがって、両指標の組合せから品種の特徴を読み取ることができる。

また、栽培条件によっても根系形態は異なってくる。

以上のように、根系の形態を根長と分布の様相との組合せによって定量的に把握することができた。これが、著者の根系研究における第1段階の成果である（図2−8）。

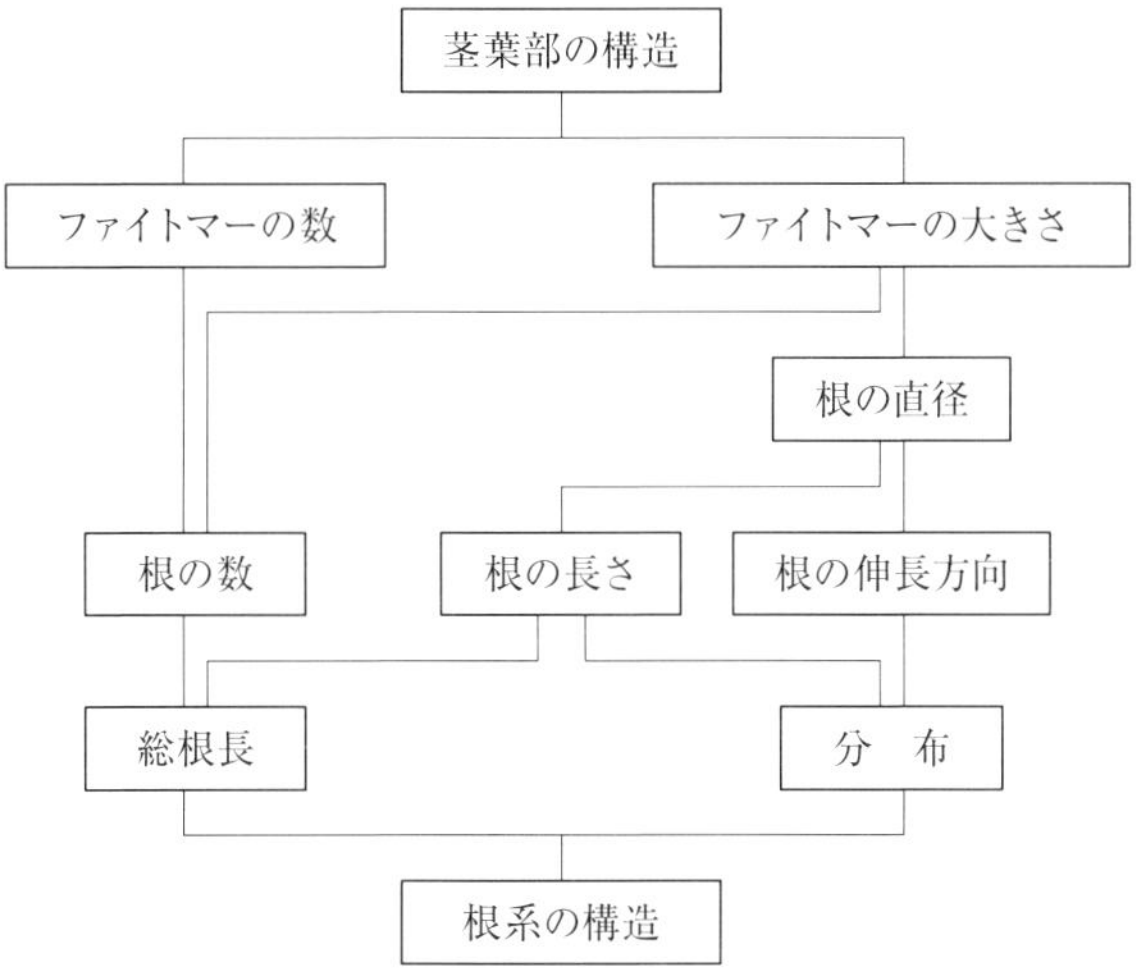

図2-8　水稲の体制に関する発育形態学モデル（森田・阿部 1999c）

２．冠根の伸長方向

著者の根系研究の第２段階として、根系の形態を規定する根長および分布の様相が、個々の冠根や側根のどのような形質の組合せで決まるかについて解析した。

結論を先にいえば、根長は冠根の数と側根を含む長さによって、また、分布の様相は根の伸長方向と長さによって決まることが明らかになった（図２−８）。

ここで、第１章で紹介した方形モノリス法で得られた水稲根系の形態（図１−３）をもう一度よく見てみよう。茎葉部の生育に伴って根量が増え、根域が拡大していくことのほかに、根系を構成している個々の冠根が様々な方向に伸びていることに気がつく。

高校生物の教科書には、「植物の根は正の重力屈性を示して下方向に生育する」ことが書いてある。しかし、実際の水稲根系の形態をみると、下方向に伸びている根は根系全体の一部であり、ほとんどの根は斜め下方向や横方向に、場合によっては水平より上向きに伸びていることが分かる。このように、根が重力方向に対してある角度を維持しながら伸びていく特性を傾斜重力屈性という。

側根も傾斜重力屈性を示し、冠根に対して一定の角度をなして出現するため、結果として根系を構成する冠根と側根は様々な方向に伸長することになる。このような根系の構造は、養水分吸収の入り口となる側根の根端を空間的に効率よく配置することに役立っている。したがって、根系の分布を考察するには冠根の伸長方向にも着目することが必要である。

それでは、冠根の伸長方向はどのように定量化したらいいだろうか。水稲根系を構成する冠根は直径の太いものが下方向に、反対に細い根が横方向に伸びる傾向が経験的に認められている。

そこで、円筒モノリス法を用いて、１株を構成する冠根直径の大小と伸長方向との間に関係があるかどうかを検証した。

稲株を中心にして直径15㎝のステンレス円筒を鉛直方向に差し込むと、ほぼすべての冠根が切れる。そして、土壌モノリスを掘り出して丁寧に土壌を洗い落とすと様々な長さで切れた冠根が得られる（図２−９左）。

土壌中で下方向に伸びていた冠根は茎の出現部位から切断された部位までの長さが長く、横方向に伸びていたものは短い。したがって、冠根の長さを測れば土壌中での伸長方向を推定することができる。

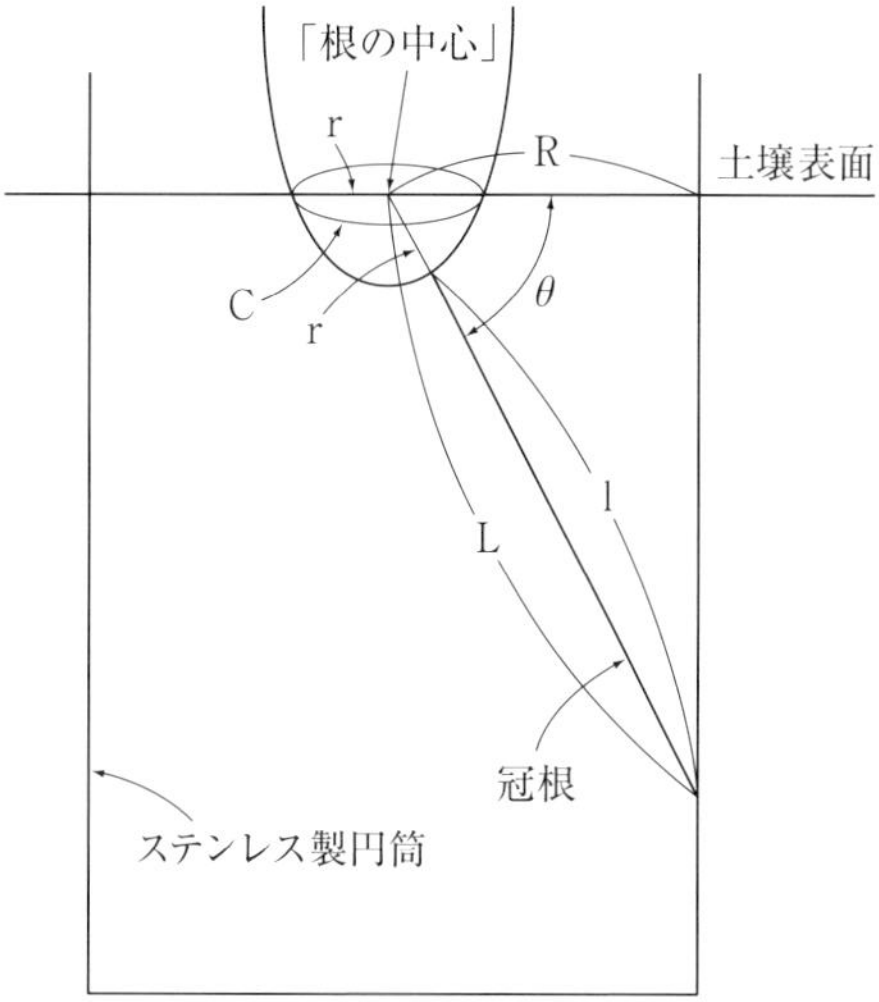

図2-9　円筒モノリス法による根の伸長方向の調査法（左：森田茂紀原図、右：森田・山崎 1990）

R：ステンレス製円筒の半径、l：実測冠根長、r：補正値（株の半径）、C：株の周長（$=2\pi r$）、L：推定冠根長、θ：冠根の伸長角度、$\cos\theta = R/L = R/(l+r)$

ただし、冠根の長さと伸長方向（θ）との関係は単純な比例関係にあるわけではない。すなわち、「cos θ＝冠根の切断長／円筒の半径」という関係が成り立つはずである（図2-9右）。

株が一定の大きさをもつことを補正する必要があるし、伸長中のために切断されず根端が残っているものは測定の対象とならない。このようにいくつかの点に注意する必要があるものの、根系を構成するほぼすべての冠根の伸長方向を一定の精度で推定できるようになったことは、大きな意義がある。

冠根の直径と伸長方向との関係を解析したところ、両者の間には有意な正の相関関係が認められたが、有意性は必ずしも高くなかった。また、冠根の直径と伸長方向のグラフを描いてみると、いくつかの外れ値が認められることに気がついた。

この外れ値を示した冠根が、いつ、どこに形成されたものかを追跡したところ、冠根の伸長方向と地上部の生育段階との関係が分かってきた。

次節で解説するように、イネの体はファイトマーという形態的な単位の積み重ねとして捉えることができ、それぞれのファイトマーの茎部分から冠根が出現する。

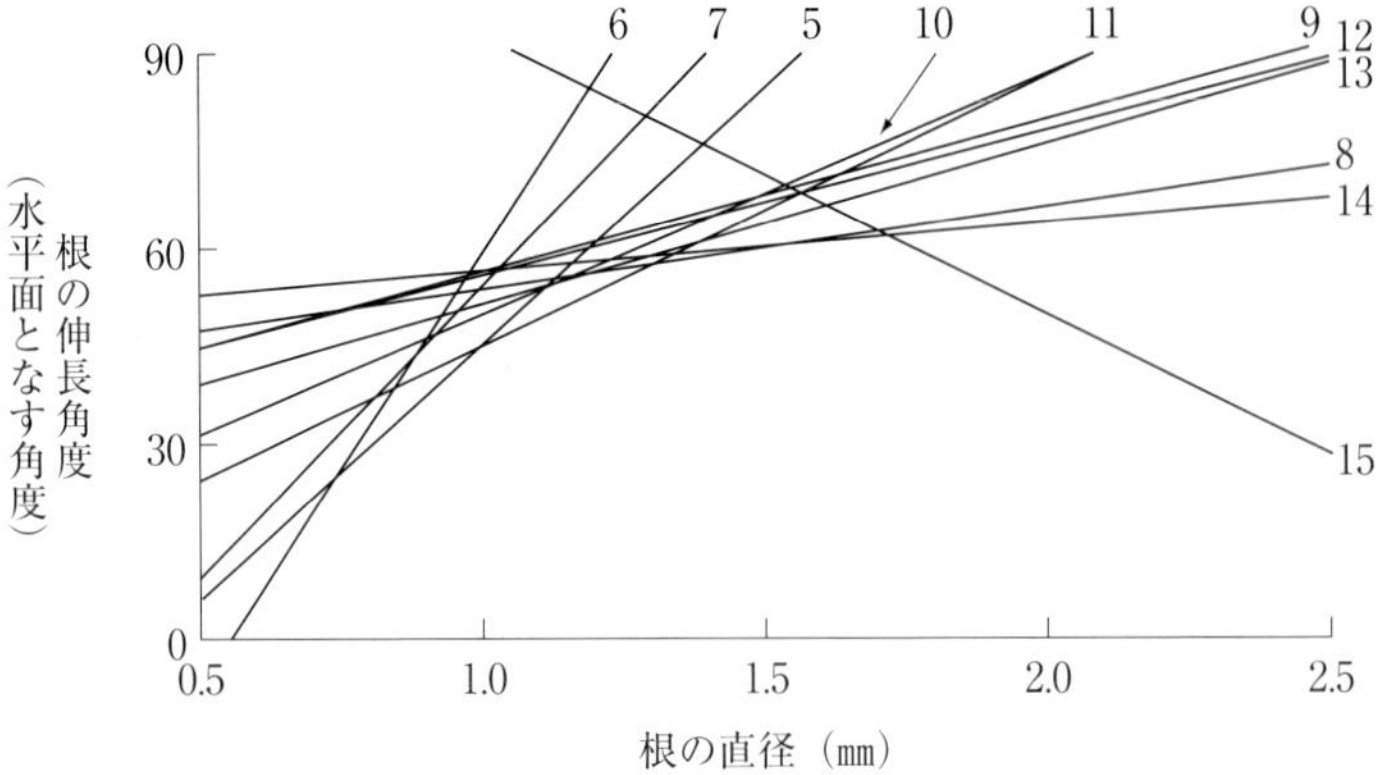

図2-10　陸稲冠根の直径と伸長方向との間に得られた回帰直線の推移
（Araki *et al.* 2002）
数字は基部から数えたファイトマーの番号を示す。すなわち、数が大きいほど生育段階後期に形成され出現した冠根のデータである

冠根が出現するファイトマーのグループごとに、言い換えると生育段階に着目して冠根の直径と伸長方向との関係を検討したところ、それぞれのファイトマーの冠根グループにおいて両者の間に有意な正の相関関係が認められた。あわせて、それぞれの冠根グループ（それぞれの生育段階）において根の直径と伸長方向との間に得られた回帰直線の勾配が、生育とともに徐々に変化していることが明らかになった（山﨑ら1981）。

すなわち、それぞれの回帰直線の勾配は生育とともに徐々に小さくなり、根の直径に対する伸長方向の変化が緩やかになっている。したがって、すべての冠根を一括して検討すると、同じ直径でも伸長方向が少しずつ変わるため、冠根直径と伸長方向との関係が曖昧になってくる。このような根の直径と伸長方向との関係は、水稲だけでなく陸稲においても認められている（図2–10、Araki *et al.* 2002）

一般に、根の直径が太いと深根である傾向が認められる。根の直径と伸長方向との間に得られた回帰直線の勾配は生育前期には急で、生育中期には緩やかとなり、生育後期には太い根が浅根性で細い根が深根性に逆転することもある。

3. ファイトマーの概念

根系研究の第1段階として、根系形態が根長とその分布の組合せによって把握できること、第2段階として根長と分布が、冠根数、冠根長＋側根長、冠根直径の組合せによって規定されることが明らかになった。

これに続く第3段階では、根の数・長さ・直径という個別形質が茎葉部の生育とどのような関係にあるかを考察した。根系を構成している冠根の原基は茎のなかに内生的に形成され、茎を打ち破って出現し、葉や茎の生育と同調しながら生育するからである。

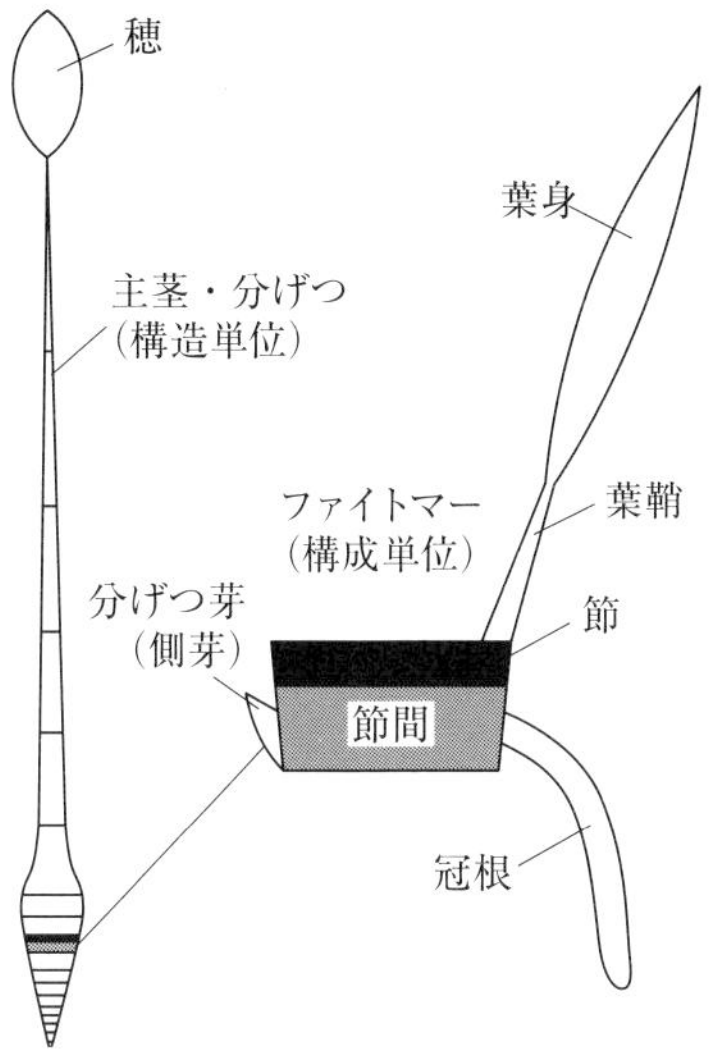

図2-11　水稲の体制とファイトマー
（Nemoto *et al.* 1995を一部改変）

この問題を考察するにあたって、水稲の茎葉部の体制がファイトマーという形態的単位の積み重ねによって構成されていることを理解しておく必要がある（図2-11、Nemoto *et al.* 1995）。

水稲の茎葉部は胚に形成された幼芽に由来する主茎と、主茎から順次枝分かれした分げつ茎とから構成されている。主茎や分げつ茎を縦に割ると、タケノコのように隔壁によって小部屋に分かれている（ただし、最も基部では茎部分が短く、隔壁が認められない）。すなわち、主茎や分げつはファイトマーという形態的な単位が軸方向に積み重なってできており、それぞれの茎の断片に1枚の葉と1つの分げつ芽が着生している。

植物の体がファイトマーの積み重ねからできているという考え方はゲーテも提示しており、イネを含むイネ科植物だけでなく、さらに広く高等植物一般にも使える可能性が高い（Lyndon 1990）。

さらにイネの場合、冠根の生育や側根の形成もファイトマーの形成に同調しながら進んでいく。例えば、現在抽出中の葉が第N葉だとすると、第（N－3）番目のファイトマーから冠根が、第（N－4）番目のファイトマーでは冠根から（1次）側根が、第（N－

5）番目のファイトマーでは1次側根から2次側根がそれぞれ形成されるという規則性がある（表2―1）。

なお、ファイトマーとファイトマーとの境界は明確なものではなく、研究者によって考え方が異なることがある。すなわち、実際の形態や生育は連続的であり、ファイトマー単位で整理するか、ファイトマーの接合部位である節単位で整理するかによって若干のズレが生じるが、いずれにしても茎葉部の生育はファイトマーの形成の繰返しであり、根系形成との間には密接な関係が認められるということが重要なポイントである。

表2-1　イネにおける生育の規則性（森田 2001）

PN	LN	生育状況
P1	N＋4	葉原基が隆起状
P2	N＋3	葉原基がフード状
P3	N＋2	葉原基が茎項分裂組織を覆う
P4	N＋1	幼葉に葉耳・葉舌形成
P5	N	葉の抽出開始
P6	N－1	葉の展開完了
P7	N－2	冠根の出現直前 分げつ第１葉が抽出開始
P8	N－3	冠根の出現開始 分げつ第２葉が抽出開始
P9	N－4	１次側根の形成
P10	N－5	２次側根の形成

PN：葉あるいはファイトマーの発育段階（１葉間期＝１出葉間隔とともに１段階ずつ進む）、LN：ファイトマーあるいは葉の番号（抽出中の葉を第Ｎ葉とした場合に、それぞれの番号の葉をもつファイトマーを示しているため、葉腋や節を基準にした場合はナンバリングがずれることがある）

このような生育の規則性を示しながら根系形成が進み、冠根の出現は出穂期前後にほぼ終了する。その後、登熟期間に側根の形成と枯死が起こり、根系全体の総根長はその差し引きとして減少していく（図2―12、Sakaigaichi *et al.* 2007）。

次に、イネの体を構成するファイトマーの数と大きさに着目し、冠根の数、長さ、直径とファイトマーの形態とがどのような関係にあるかを検討した。その結果、ファイトマー数と冠根総数との間には、品種に関わらず密接な比例関係が認められた。一方、ファイトマー数と側根を含む総長との間に認められた比例関係には品種間差があることが明らかとなった（図2―13、森田ら 1997）。

一方、ファイトマーの形・大きさは生育段階によって異なり、冠根の数や長さとの関係はファイトマー数の場合ほど明確ではない。そもそも、ファイトマーの大きさをどのように評価するかという標準化も進んでいないので、検討が必要である。

実際には、冠根原基の形成はファイトマーの茎の形成と同時に進み、茎が太いと冠根の数が多く、直径も太いことが認められる。したがって、茎の生育と根の形成とが関係していることは間違いない。

まとめ

根系形態の定量化を試みた結果、根系形態は根長と分布との組合せによって把握できること、また根長と分布は根の数・長さ・伸長方向・直径といった形質によって規定されることが解明できた。さらに、これらの形質とファイトマーとの関係を解析した結果、茎葉部と根系との結びつきを確認することができた。これが、著者の発育形態学的な研究で得られた3つの重要な結論である。

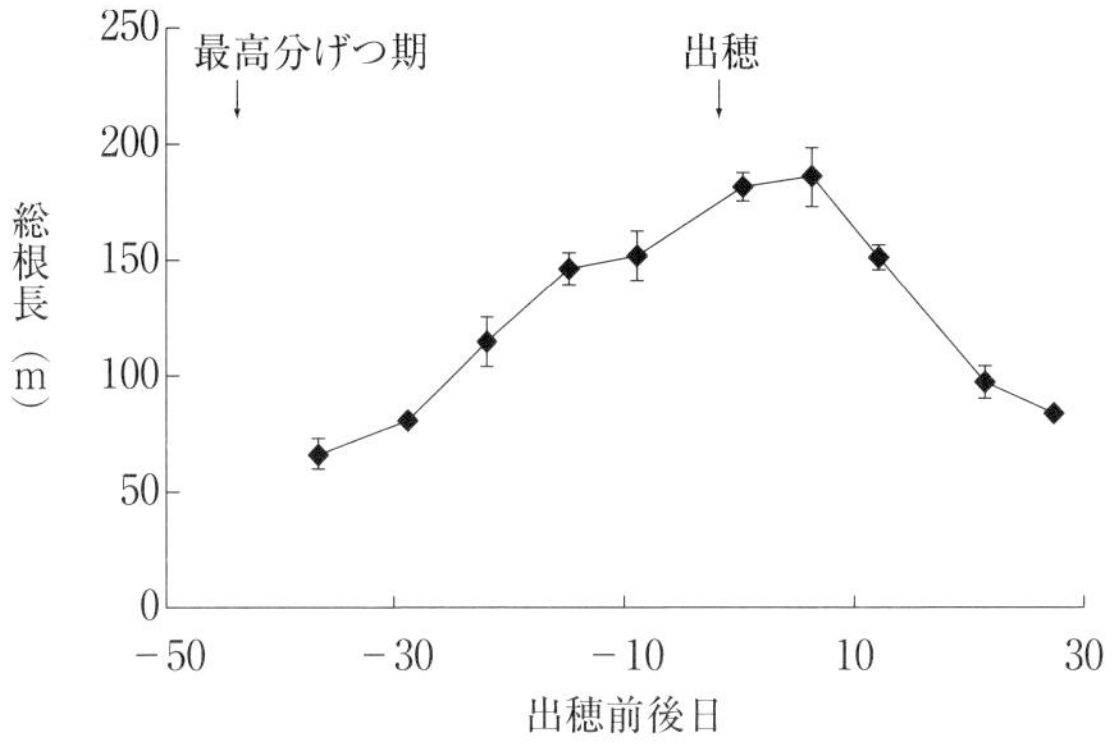

図2-12　水稲株の生育に伴う総根長の推移
(Sakaigaichi *et al.* 2007)

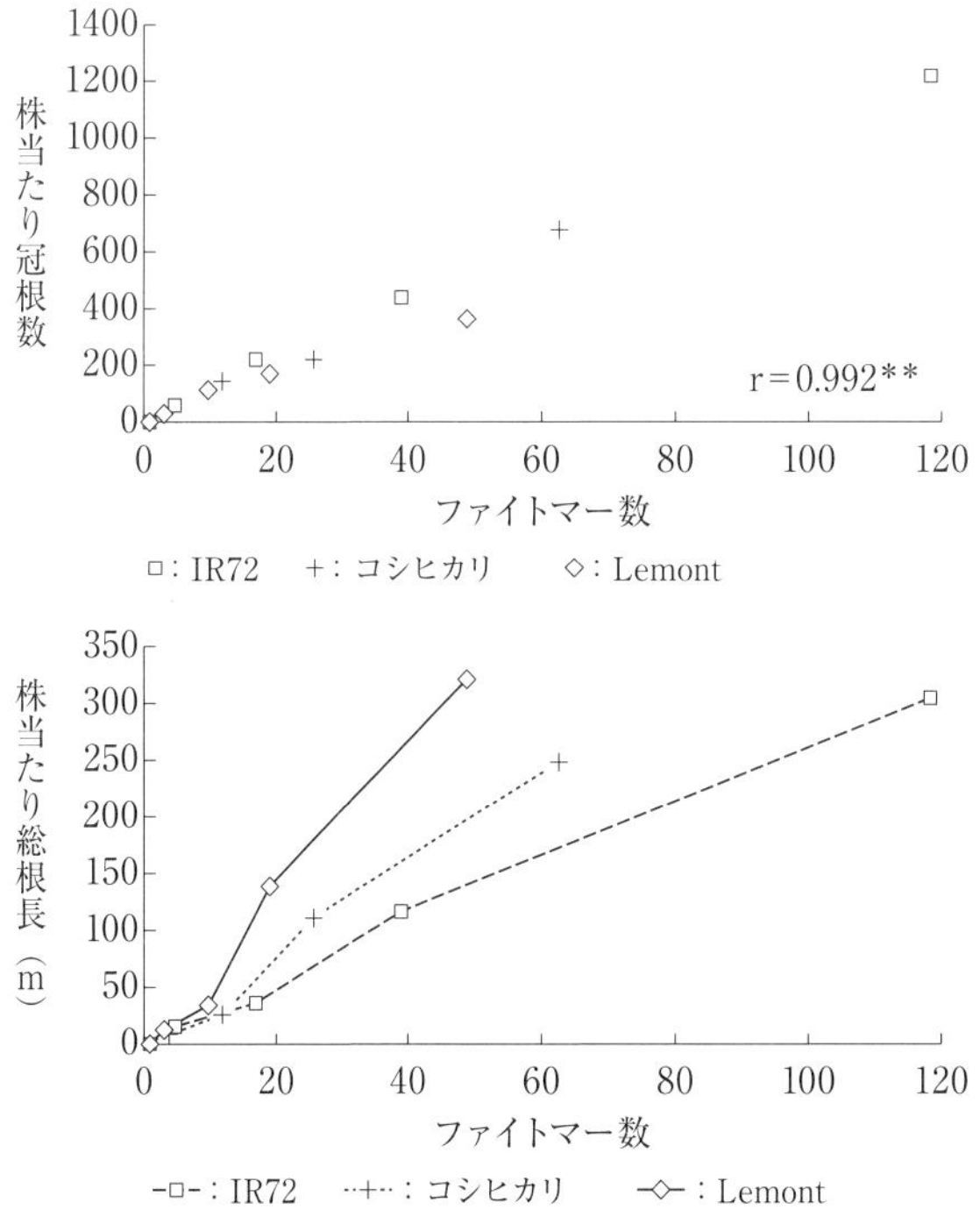

図2-13　ファイトマー数と根数・根長との関係（森田ら 1997a）
ファイトマー数と冠根数（上）、冠根長＋側根長（下）との関係

第3章 根系のモデル研究

根系研究でモデルが利用されることがあるが、ほとんどは畑作物であり、水稲についてはモデル自体がほとんど提案されてこなかった。そこで、第1章と第2章における研究成果を踏まえて、水稲根系の形態に関してモデルを提案しながら、水稲根系に関する発育形態学的な考察を深めることを試みた。

1．根系のモデル研究

まず、モデル研究の意義と利用について考えておこう。一般にモデル研究では気象条件や生育パラメータを入力し、将来の生育状況や最終的な収量を推定することが多い。生育モデルのパラメータとして気温を入力し、イネの生育状況や出穂時期を予測することはその代表例である。

その結果、モデルの予測精度が高く、実際の生育や収量に近い値が得られれば、モデルの構造やパラメータの選択が有効であることが確認でき、実際の農業にも利用できるというメリットがある。

すなわち、モデル研究ではモデルの構築とパラメータの選択を検討することで生育や収量形成に関する理解を深めることと、実際の稲作に役立つ生育予測・収量予測をすることが重要な目的であると著者は考えている。

第1章・第2章で解説したように、発育形態学的な視点からの解析に基づいて構築した水稲の根系形成に関する枠組みも1つの根系モデルということができよう。このような根系モデルを利用しながら、根系形態を規定している冠根の数や長さを推定し、相互に比較検討することができるようになった。

ただ、冠根の伸長方向はある程度の精度で推定が可能となったが、異なる根系の測定結果を相互に比較検討し評価する方法は確立していなかった。

2. 冠根均等伸長モデル

根の伸長方向を比較検討するにあたり、共同研究者の阿部淳が中心となって、正規分布のような特定の分布を前提としないで2つの根系の伸長方向を比較・検討することを試みた。

その結果、２つの根系における冠根の分布が同じか、異なるか（同じでないか）を議論することができるようになった（Abe *et al.* 1990）。ただ、その２つの根系が異なることが分かったとしても、どのように異なるかについて具体的に考察することはできなかった。

そこで、冠根の伸長角度を定量的に評価するための基準となる物差しとして、著者は「冠根均等伸長モデル」を考案した（森田・根本 １９９３）。このモデルは、次節で解説する「根長密度モデル」から派生したものであり、冠根が株の中心点からいずれの方向にも（一応、水平より下側を想定した）空間的に均一に伸長・分布していると仮定したものである。

この仮定が実際の水稲根系の実態から大きく外れていないことは、経験的に確認されている。しかも、このモデルを基準として設定することにより、実際の根系分布を評価したり、比較することが可能となるというメリットがある。

つまり、冠根均等伸長モデルが冠根の伸長方向を考察するための基準となり、冠根が空間的に均一に伸長しているのか、ある部分が密で、別の部分が疎である

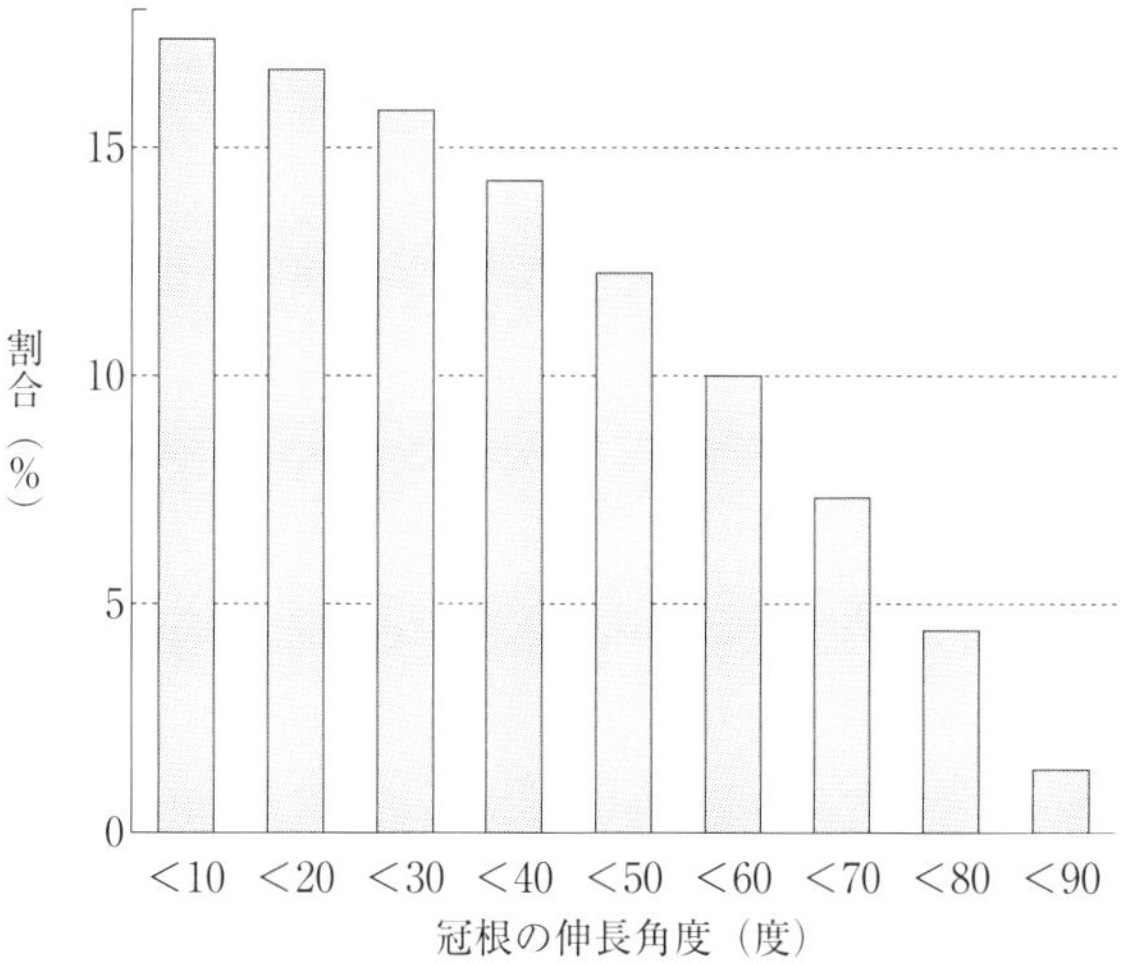

図3-1　冠根均等伸長モデルにおける冠根の伸長角度別頻度分布（森田・根本 1993）

かを評価することができる。

本モデルの特性を検討した結果、①伸長角度（冠根が水平方向となす角度）が０度、すなわち水平方向に伸長している冠根の相対的な分布頻度を１とすると、伸長角度がθである根の頻度分布は$\cos\theta$となる（図３−１）、②冠根の伸長角度の平均値は３２・７度となる、③伸長角度が０〜30度と30〜90度の冠根数が同じであることが明らかとなった。

本モデルの特性から、冠根が株の中心点から土壌中のすべての方向に均等に伸長している場合、土壌表層では根の分布が相対的に密で、直下方向は疎な根系であることが分かった。

実際の水稲の根系をみると、冠根の空間的分布は冠根均等伸長モデルに近い。ただし、詳細にみると根は土壌表層で密、直下方向で疎である傾向が認められた（原田ら１９８６）。

実際の水稲品種について登熟期の根系を調べてみると、冠根の平均伸長角度は30〜40度の変異があり（Abe and Morita 1994）、とくに浅根性品種は冠根均等伸長モデルにかなり近く、深根性品種は下方向でやや密であった。このように、根系モデルを利用することは、根系の形態と構造に関する研究を進めるために有効と考えられる。

３．根長密度モデル

著者は「冠根均等伸長モデル」の前に、もう１つ「根長密度モデル」を考案している（Suga *et al.* 1988）。

このモデルは、土壌中の任意の点における根長密度の値をシミュレーションすることによって、実測が難しい根系データを解析することを目的としている。

そのために仮定されているのは、①冠根は空間に均等に伸長している、②冠根の単位長さに形成される側根総長は、どの冠根の、どの部位でも等しい、③根域は半球状である、という３つである（図３−２）。

①は、冠根均等伸長モデルにおける仮定と同じである。②と③も、実際の水稲根系の実態を反映したもので、これらの仮定を加えることで根長密度を土壌中の位置の関数として定義できる。

すなわち、根域（株の中心点から一定の半径の半球）の外では根長密度は０で、イネの根は存在しないことになる。一方、根域内の任意の位置における根長密度は、磁力や光の強さに関する物理法則と同様に、株の中心点からの距離の２乗に反比例して減少するこ

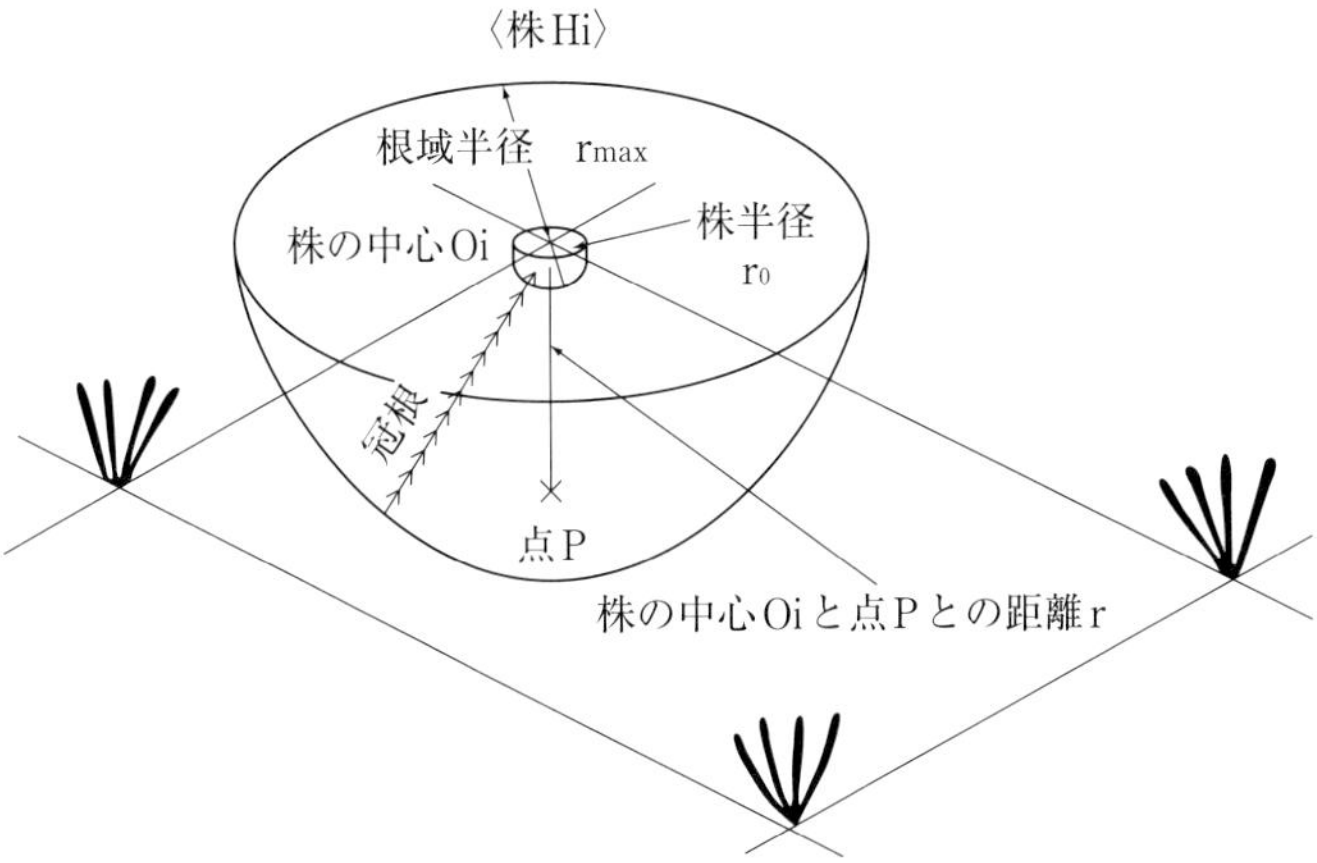

図3-2　根長密度モデルのコンセプト (Suga *et al.* 1988)

とになる。

根長密度モデルを利用して根長密度をシミュレーションするプログラムでは、条間距離、株間距離、株半径、根域半径、根長密度定数（分枝の程度を示す指標）の５つのパラメータを入力する。これらのパラメータ中で条間距離、株間距離、株半径は実測する。残りの根域半径と根長密度定数は、計算で得られた根長密度が実測値と最もよく適合するように選定する。

このようにすると、そのほかのパラメータから株当たりや単位面積当たりの総根長などの指標を算出することができる。これらの指標は実際の水田では測定することが難しいので、この根長密度モデルを利用することによって根系形態の定量的な把握が可能となる。

このモデルを使って、遮光区および対照区における水稲個体群の根系形態を解析した結果、根長密度のモデル値と実測値の適合度は悪くなかった（表3－1　Morita *et al.* 1988）。また、遮光区と対照区との間に認められたパラメータの差は、別の方法による解析結果（間脇ら　１９９０）と一致した。これは、根長密度モデルが、根系形態の研究を進めるうえで有効なことを示唆しているといえる。

根長密度モデルを利用して農家水田の水稲個体群の根系形態を解析した結果、根域半径は20～25㎝あるいは25～30㎝と推定された。これは従来の根系調査の結果と矛盾していない。また、表３－１のように根量に係る指標は、いずれも対照区＞遮光区であった。

表3-1　根長密度モデルによる解析事例 (Morita *et al.* 1988c)

項目	記号および計算方法	単位	対照区	遮光区
条間距離	a	cm	26.4	26.4
株間距離	b	cm	18.1	18.1
“株半径”	r_0	cm	1.80	1.67
“株冠根数”	NR	本	539	498
根長密度実測値	ρ ACTUAL（平均）	cm／cm^3	16.4	12.7
“根長密度定数”	k		1211	985
“根域半径”	r_{max}	cm	34	30
根長密度モデル値	ρ MODEL（平均）	cm／cm^3	16.4	12.7
“モデル冠根長”	$r_{max}-r_0$	cm	32	28
“分枝係数”	2π k/NR		14	12
“株冠根長”	NR（$r_{max}-r_0$）	m/株	170	140
“株全根長”	2π k（$r_{max}-r_0$）	m/株	2400	1800
“面積冠根長”	NR（$r_{max}-r_0$）/ab	km／10a	3600	3000
“面積全根長”	2π k（$r_{max}-r_0$）/ab	km／10a	51000	37000

これらの解析結果は、根長密度モデルの３つの仮定、ひいては根長密度モデルの有効性を示すものといえる(Morita *et al.* 1988)。

以上のように、モデル研究の目標は必ずしもシミュレーション結果を実態と合致させることに限らない。実測することが困難である根域半径などの指標のおおよその値を知ることや、水稲の根系形態における形質の重要性を検討することにも大いに役立つと考えている。

まとめ

水稲根系における冠根の伸長方向の粗密を評価するために、冠根が空間的に均一に伸長しているという冠根均等伸長モデルを構築した。このモデルは水稲根系の実態に近いものであり、これを利用することで冠根の空間的分布を評価することができるようになった。

この冠根均等伸長モデルを派生することになった根長密度モデルをその前に構築した。このモデルを用いることによって、実測が難しい根系パラメータを検討することもでき、根系形成とそれに影響を与える指標の理解が深まった。

第4章 冠根の構造と生育

第3章までは、イネの根系全体（図1−3、1−6）の形態と形成過程についてみてきた。根系は茎から出現した冠根と、冠根から枝分かれした側根から構成されている（図1−5）。

冠根には通常の生育をした伸長根のほか、「いじけ根」など何種類かのものがあり、成熟期には株当たりの冠根が合計で数百～1000本以上にもなる。

本章では伸長根を中心に根系を構成する冠根がどのような形態と構造をしているか、またどのように形成されるかについて解説する。

1．水稲冠根の構造

植物の茎葉部の形態には、非常に大きな多様性が認められる。これらの多様性は遺伝的に固定されているため、葉の形態や草型・樹形から種を同定することができる場合が多い。また、花や穂の形態は重要な分類基準になる。これも生殖器官に遺伝的な特徴が明確に固定されているからである。

これに対して、根系の形態も多様であるが遺伝的に強く固定されているわけではなく、環境条件や栽培条件によって大きく変化する。このような特性を可塑性が大きいという。そのため、根系形態を外観からグ

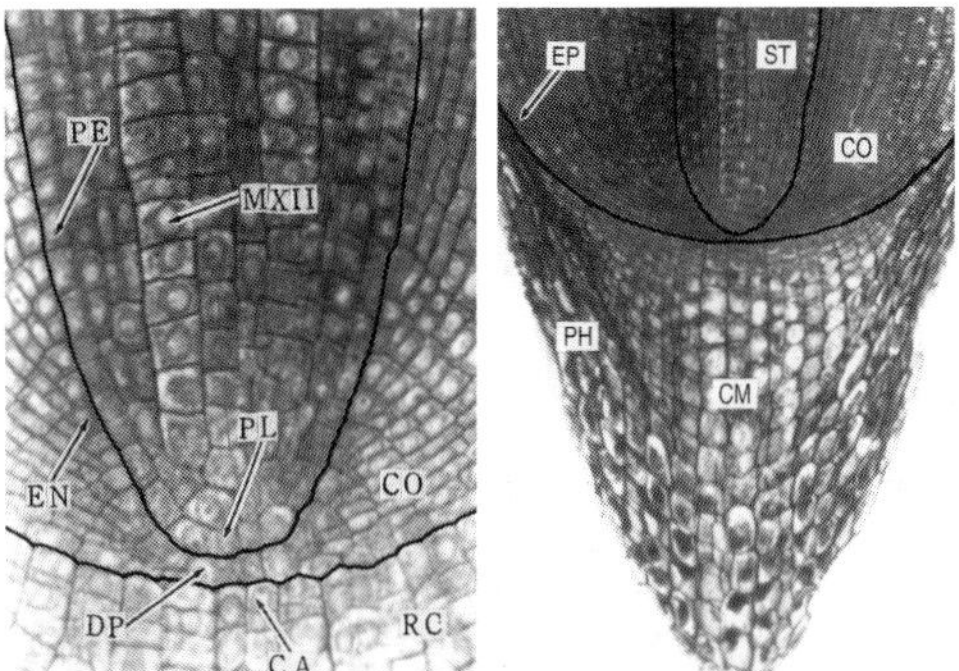

図4-1　水稲冠根の根端における縦断面と根端分裂組織付近の拡大図（左：森田茂紀原図　右：川田ら1978a）

RC：根冠、CM：コルメラ、PH：冠根の周辺部分、EP：表皮、CO：皮層、ST：中心柱、原組織（CA：原根冠　DP：原表皮＋原皮層　PL：原中心柱）、EN：内皮、PE：内鞘、MXⅡ：後生木部導管Ⅱ

ルーピングしたり、同定基準にすることは難しい。

一方、根系を構成している個々の根（個根）の形態は変異が比較的小さく、種が異なっても根系を構成する個々の冠根や側根の形態は似ていることが多い。そのため、根の組織構造から種を同定することも容易ではない。

すなわち、個々の冠根や側根は通常、白い軸状の外観をしている。それぞれの根の先端には根冠があり、その内側にあって根を作る根端分裂組織（図４-１）を保護している。そして、葉序ほどの厳格な規則性ではないが、根軸に沿って側根がある程度規則的に形成される。

冠根と側根の横断面を見ると、周辺側から中心側に向かって表皮、皮層、中心柱の３つの組織系から構成されている。また、茎の維管束の配列が種によって多様であるのに対し、根は放射維管束である（図４-２）。また、同じ冠根や側根でも直径に大小があり、細い根は太い根より組織構造が単純になっている。

2. 冠根原基の形成

イネの体がファイトマーという形態的な単位の積み

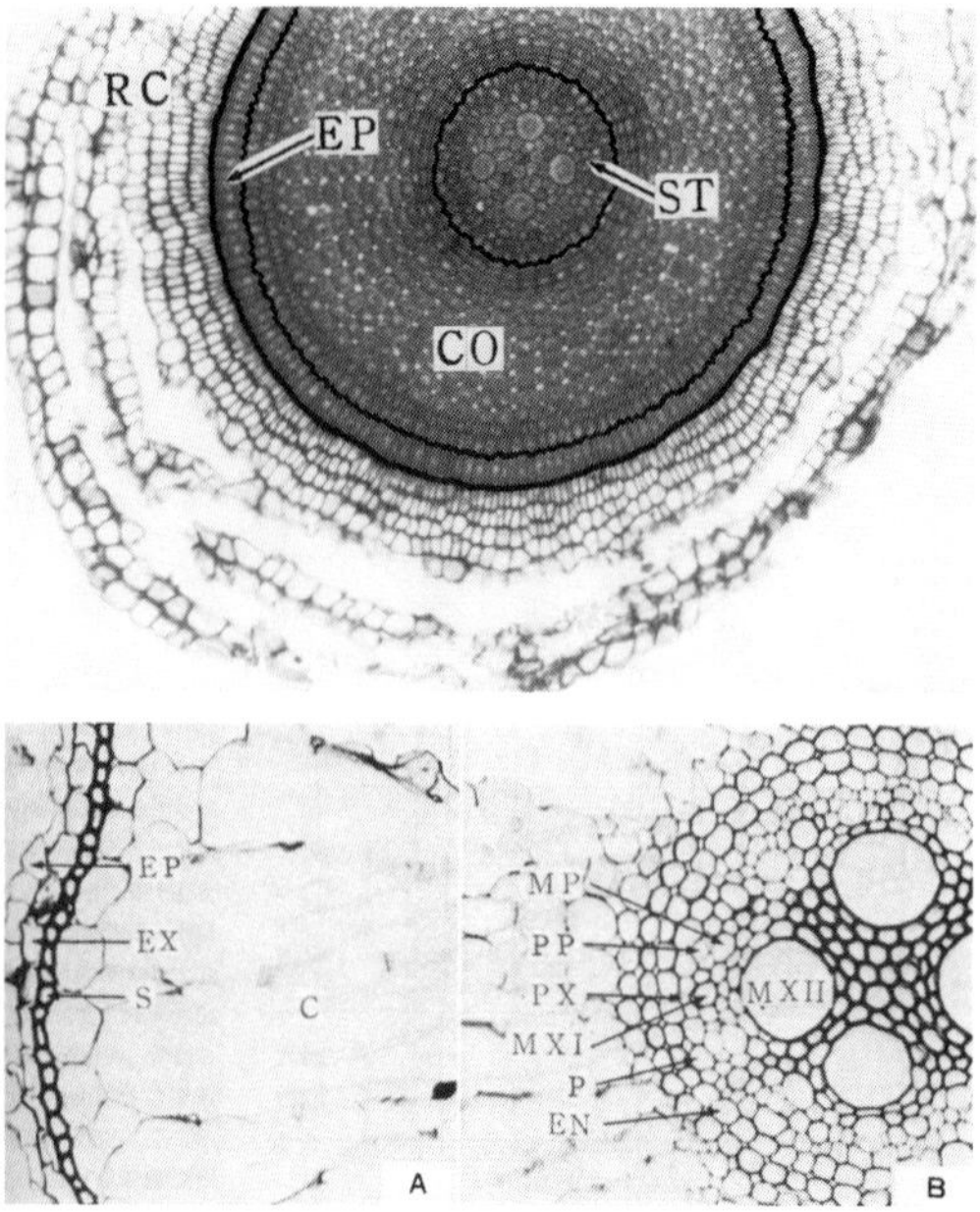

図4-2　水稲冠根の横断面
（上：森田茂紀原図　下：川田ら 1977e）
上　RC:根冠、EP：表皮、CO：皮層、ST：中心柱
下　EP：表皮、EX：外皮、S：厚壁組織、C：皮層、EN：内皮、P：内鞘、PX：原生木部導管、MXⅠ：後生木部導管Ⅰ、MXⅡ：後生木部導管Ⅱ、PP：原生篩部篩管、MP：後生篩部篩管

重ねでできていることは、すでに第2章3節で解説した。水稲の根系を構成する冠根原基はファイトマーの茎部分のなかに形成されて、茎の表皮を破って出現する。このような生育様式を内生的起源という（図4-3）。茎葉部の表面組織が突起して葉や茎が外生的に形成されるのと大きく異なる点である。

すなわち、冠根原基は茎の辺周部維管束環分裂組織に隣接する基本分裂組織に由来する。そして、冠根の始原細胞群が細胞分裂を繰り返し、組織が分化するの

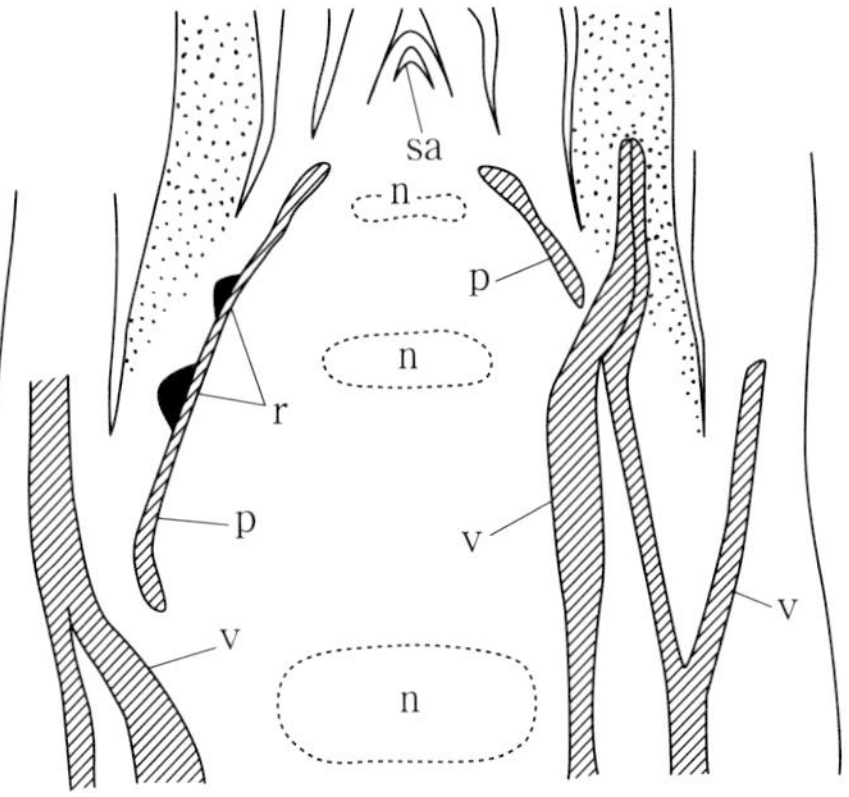

図4-3　茎頂部分の縦断面の模式図
（川田ら 1972を一部改変）
sa：茎頂分裂組織、n：節隔壁、v：維管束、p：辺周部維管束環分裂組織、r：冠根始原体

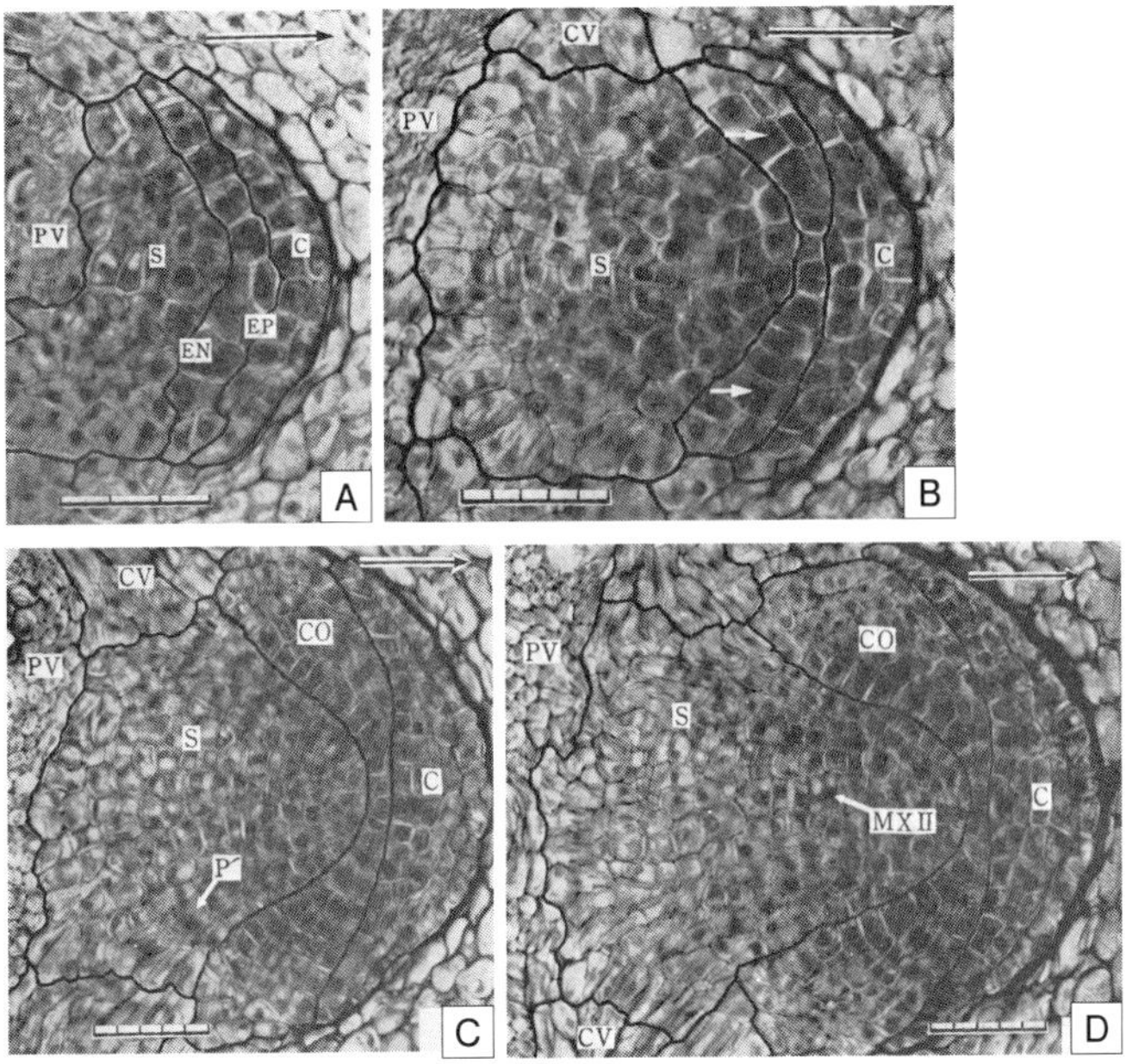

図4-4　冠根原基の生育段階（その1）
（川田・原田 1975を一部改変）
AからDに向かって、冠根原基の形成が進む。A：第4段階、B：第5段階、C：第6段階、D：第7段階、形成段階は表4-1を参照
C：根冠、EP：表皮、EN：内皮、S：中心柱、PV：辺周部維管束環、CV：連絡維管束、CO：皮層、MXⅡ：後生木部導管Ⅱ形成細胞

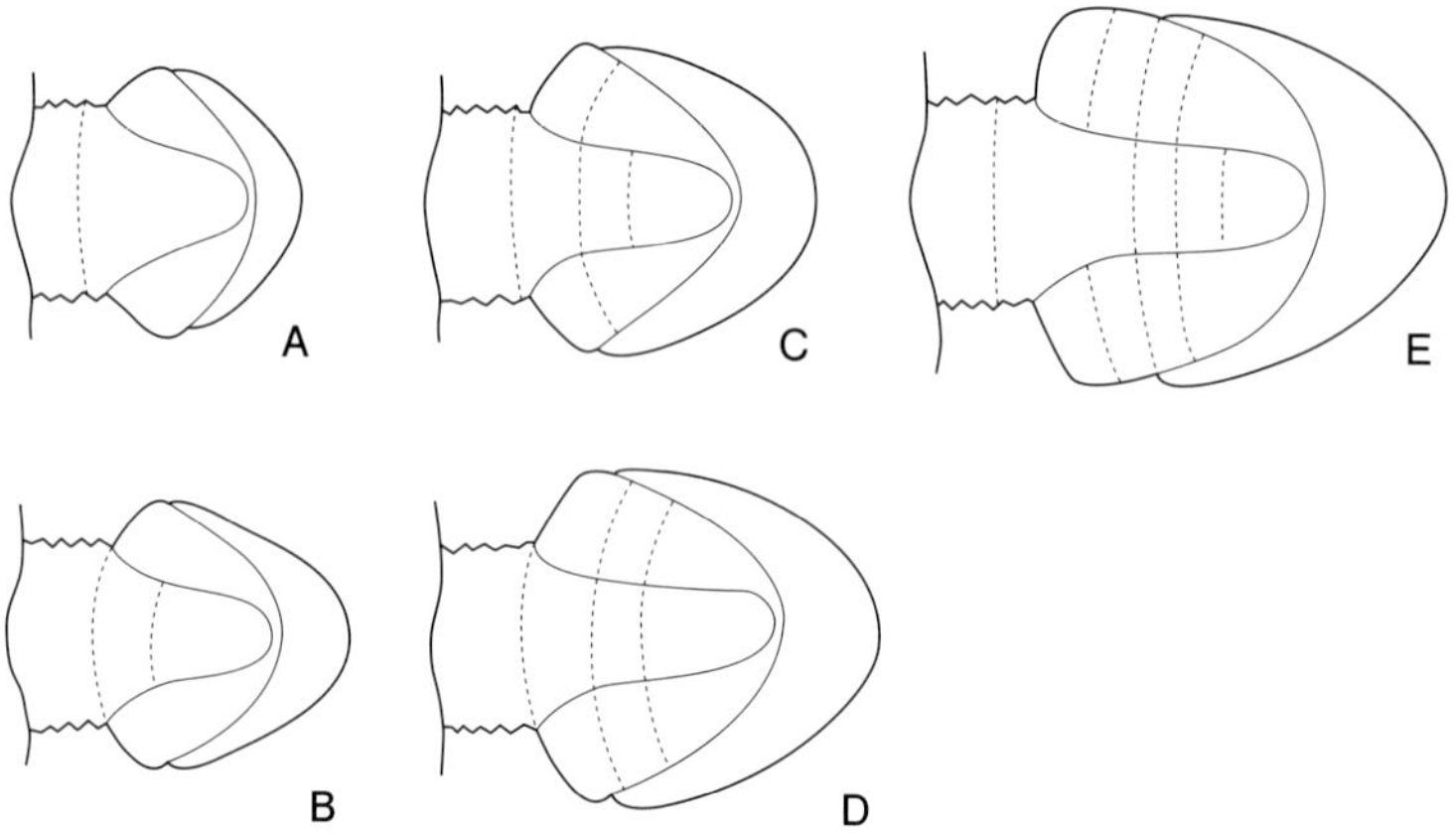

図4-5　冠根原基の生育段階（その2）（川田・原田 1975を一部改変）
AからEに向かって、冠根原基の形成が進む。A：第７段階、B：第８段階、C：第９段階、D：第10段階、E：第11段階。形成段階は表4-1を参照

に伴って、冠根原基の直径と長さが増加していく（図4－4、図4－5、表4－1）。また、同じ始原細胞群に由来するほかの部分から、冠根原基の維管束と茎の維管束とを接続する連絡組織が形成される。この連絡組織が完成する頃に冠根原基が茎から出現する（川田・原田１９７５、１９７７）。

表4-1　冠根原基の形成段階と形態的特徴（川田・原田　1977）

形成段階	主な組織的特徴
第１段階	最も初期の分化段階
第２段階	冠根原基としての分裂を開始
第３段階	“表皮 - 内皮始原細胞群”が分化
第４段階	表皮と内皮が分化
第５段階	皮層細胞の形成を開始
第６段階	“連絡篩部”前形成層分化
第７段階	“後生木部導管 II 形成細胞”分化
第８段階	“篩部形成細胞”の分化開始
第９段階	“後生木部導管 I 形成細胞”の分化開始
第10段階	“連絡篩部”が完成
第11段階	“連絡導管”の形成
第12段階	出根直後の段階の冠根
第13段階	冠根基部で後生木部導管 I が完成しつつある
第14段階	冠根基部ではすでに後生木部導管 I は完成している

出版案内

2024.03

イネ大事典

(3 分冊分売不可)

農文協編　●33,000 円（税込）

978-4-540-19134-3

低コスト省力技術で良食味・多収を実現。後継者・新規就農から担い手・大規模法人経営、稲作名人・小規模直売経営まで必携の書。

「イネの根」 978-4-540-22175-0

農文協
(一社)農山漁村文化協会
〒335-0022 埼玉県戸田市上戸田2-2
https://shop.ruralnet.or.jp/
TEL 048-233-9351 FAX 048-299-28

新版 解剖図説 イネの生長

星川清親・新田洋司 著

978-4-540-22177-4

●4180円

葉、茎、根、穂、籾、玄米など、イネの形態と生長過程を緻密な細密画と顕微鏡写真で描いた歴史的名著の新版。本書の農学上の意義や時代背景を解説した解題と和英対応表も増補。農学・稲作関係者必携の1冊。

日本水稲在来品種小事典

２９５品種と育成農家の記録

西尾敏彦・藤巻宏 著

978-4-540-19220-3

●2200円

現代に繋がる水稲育種の足跡を在来品種の記録で辿る。江戸中期から昭和30年代までの日本の水稲在来品種２９５を網羅、55品種を詳細解説。百姓・農民の努力の結晶がここに。本書を読まずして日本の稲を語れない。

稲作診断と増収技術（復刊）

松島省三 著

978-4-540-19174-9

●2530円

１９７７年刊行の名著が読みやすくなって復活！早期有効茎数確保、中期にデンプン蓄積を高めるV字型稲作理論は、現在の稲作技術の原点。V字型稲作を批判するへの字型理論、太茎大穂型理論を理解する上でも重要。

イネつくりの基礎（復刊）

農文協 編

１９７３年刊行の名著が読みやすくなって復活！移植、田植機、直播とつくり方は変わってもイネの本性に変わりはない。イネつくりの上で知ってお

かねばならない基本的……

価格は2024年3月現在の定価（税込）です。

イネの生理と栽培

農文協 編

978-4-540-14227-7

●1650円

指して、水を張った田んぼで育つイネの力を引き出す方法を、太陽の光を最大利用する群落光合成の科学から丁寧に明らかにしていく。

イネの高温障害と対策 登熟不良の仕組みと防ぎ方

森田敏 著

978-4-540-10114-4

●2200円

乳白粒や背白粒などによる米の品質低下、近年稲作で大きな問題となっている高温登熟障害の発生メカニズムとその解決に向けて，これまでの研究成果および農家の実践的な技術を整理し、新たな方向を提示する一冊。

農学基礎シリーズ 作物学の基礎Ⅰ 食用作物

後藤雄佐・新田洋司・中村聡 著

978-4-540-11110-5

●4180円

図や写真を多く入れたカラー版ビジュアル入門書。イネ、麦類5、雑穀10、豆類17、芋類7種の来歴から形態、栽培方法、利用までわかりやすく解説。特に、栽培方法や管理技術はイネを中心にくわしく説明。

農学基礎シリーズ 作物生産生理学の基礎

平沢正・大杉立 編著

978-4-540-12209-5

●5280円

発芽から葉の構造、受光態勢、光合成、倒伏、呼吸、光合成産物や窒素の転流、水の吸収、植物ホルモンなど作物生産（収量・品質）にかかわる生理を、遺伝的改良の可能性など最新研究の成果も取り入れて平易に解説。

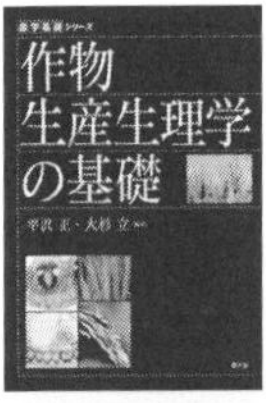

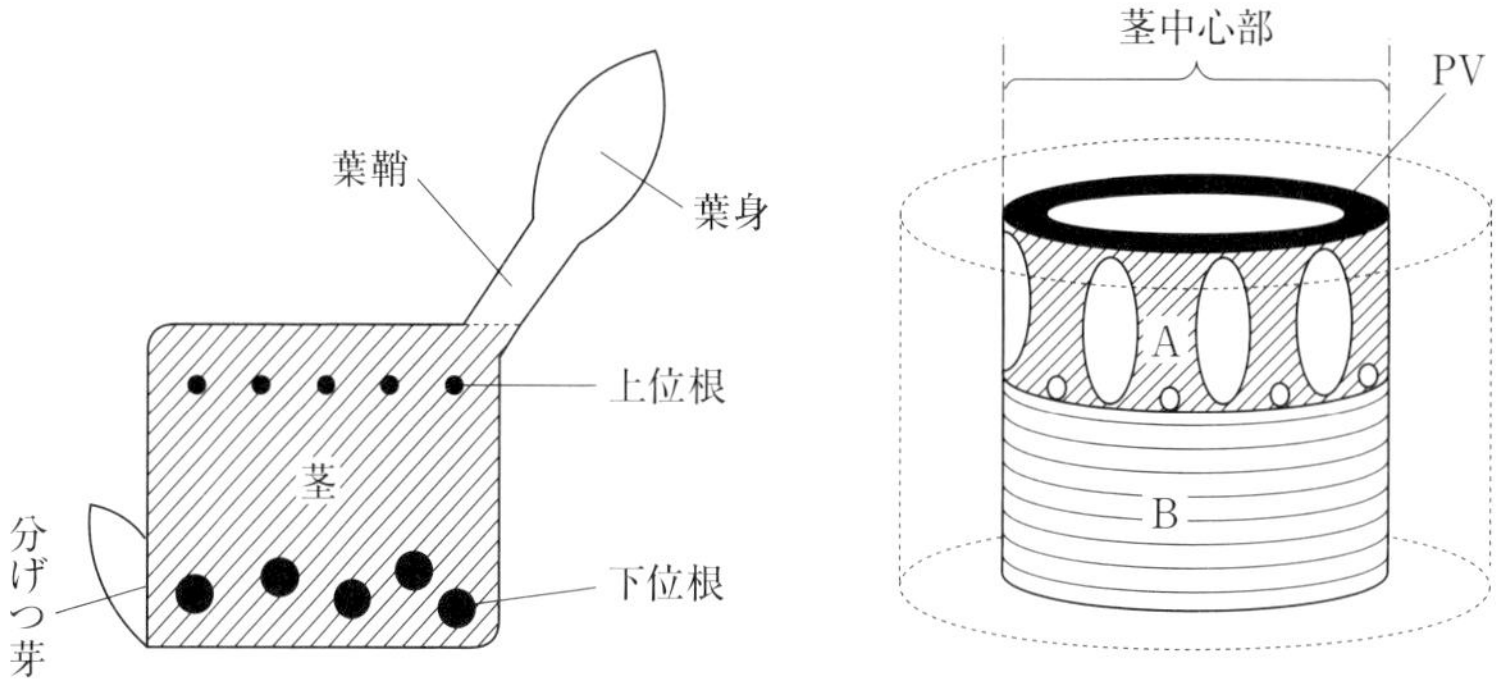

図4-6　ファイトマーにおける上位根と下位根の分化・出現位置（川田ら 1978を一部改変）

PV：辺周部維管束環、A：上位根形成部位、B：下位根形成部位、
破線（右）：ファイトマーの外周

図４－６は、ファイトマー（第２章３節）における葉・根および分げつ芽の形成様式を模式的に示したものである。イネの体を構成している形態的単位であるファイトマーでは、茎部分が一定の大きさ以上であれば、頂端側と基部側に２つの冠根始原帯と、それぞれに対応した２つの冠根発根帯が認められる。

このうち、ファイトマーの頂端側から出現する冠根を上位根、基部側から出現する冠根を下位根と呼ぶ。一般に同じファイトマーでは上位根より下位根の方が数が多く、直径も大きい。典型的な場合には、下位根の形成位置はジグザグに分布する（図４－６左）。

３．根冠の組織形成

図４－１に示した通り、冠根と側根の先端には紡錘形をした根冠があり、根の本体を取り囲んでいる。根冠の組織構造は種が異なっても似ている。ただし、詳細にみると差が認められ、イネ科作物の根冠の場合、通常、周辺側と中心側との２つの部分からなる。

すなわち、同心円状の層状をなす周辺部分と、それに囲まれたコルメラ部分からなる（図４－１、図４－７）。コルメラを構成している細胞には多くのアミロ

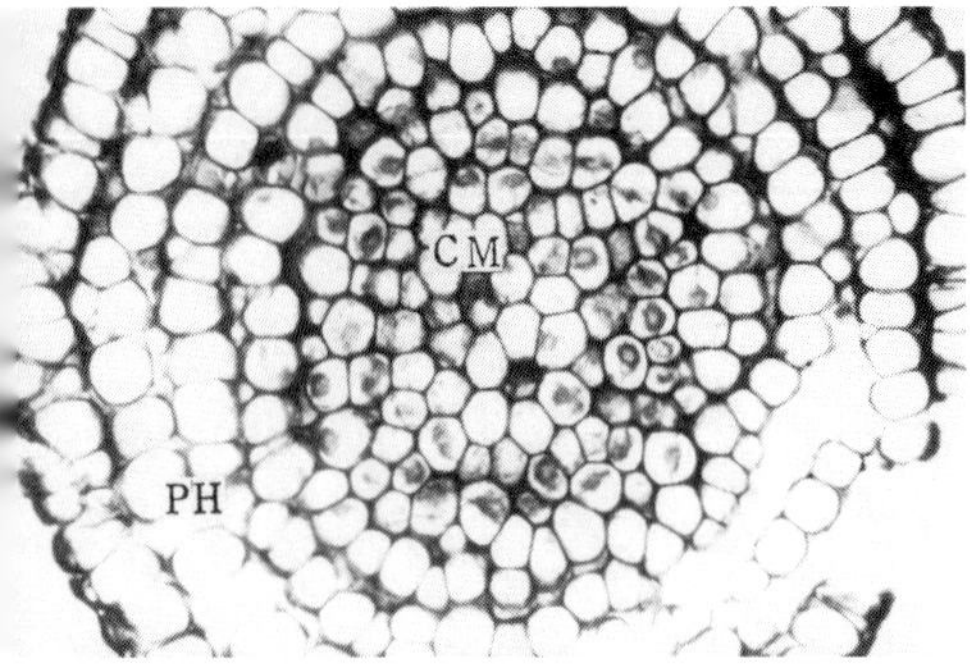

図4-7　根冠の基部側の横断面
（森田茂紀原図）
CM：コルメラ、PH：根冠の周辺部分

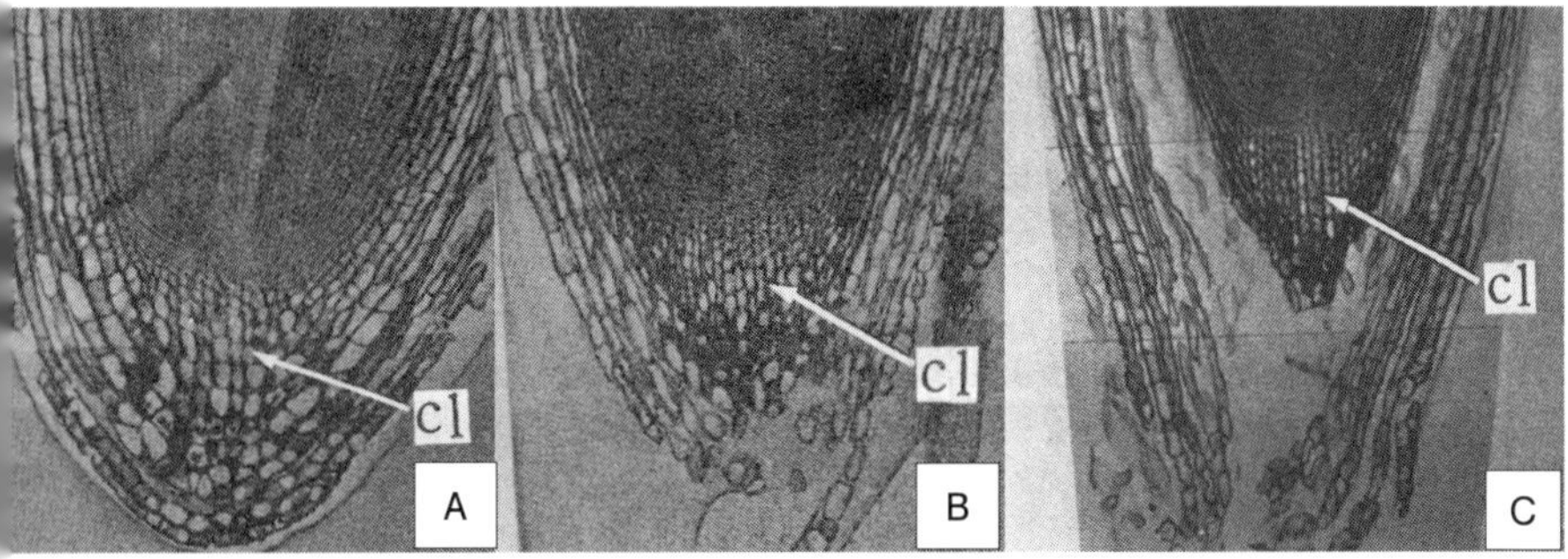

図4-8　水稲冠根における初生根冠の脱落（川田ら 1979cを一部改変）
A：出根１日目、B：出根２日目、C：出根４日目、cl：コルメラ

プラスト（デンプンを多く含む色素体）が含まれており、重力感受メカニズムに関わっていることが知られている（森田 2000）。

以上は、伸長根の根冠に関する一般的な解説である。ただし、茎から出現した直後の冠根ではコルメラ構造が完成しておらず、根冠の表面に平行な層状構造が発達している。このような形態の根冠は初生根冠と呼ばれる。初生根冠は冠根原基が茎から出現して数日以内で脱落し（川田ら 1979c）、コルメラ構造が明確になってくる（図4－8）。

このように初生根冠とその後の根冠に形態的な違いが生じる理由は、生育に伴って優先的に起こる細胞分裂の方向が変化するためである。根に限ったことではなく、細胞分裂の方向（図4－9）は形態形成に大きな影響をおよぼす。

根冠が形成されていく期間に冠根は重力を感受して冠根の先端が斜下に屈曲していく。これは、コルメラ構造やアミロプラス

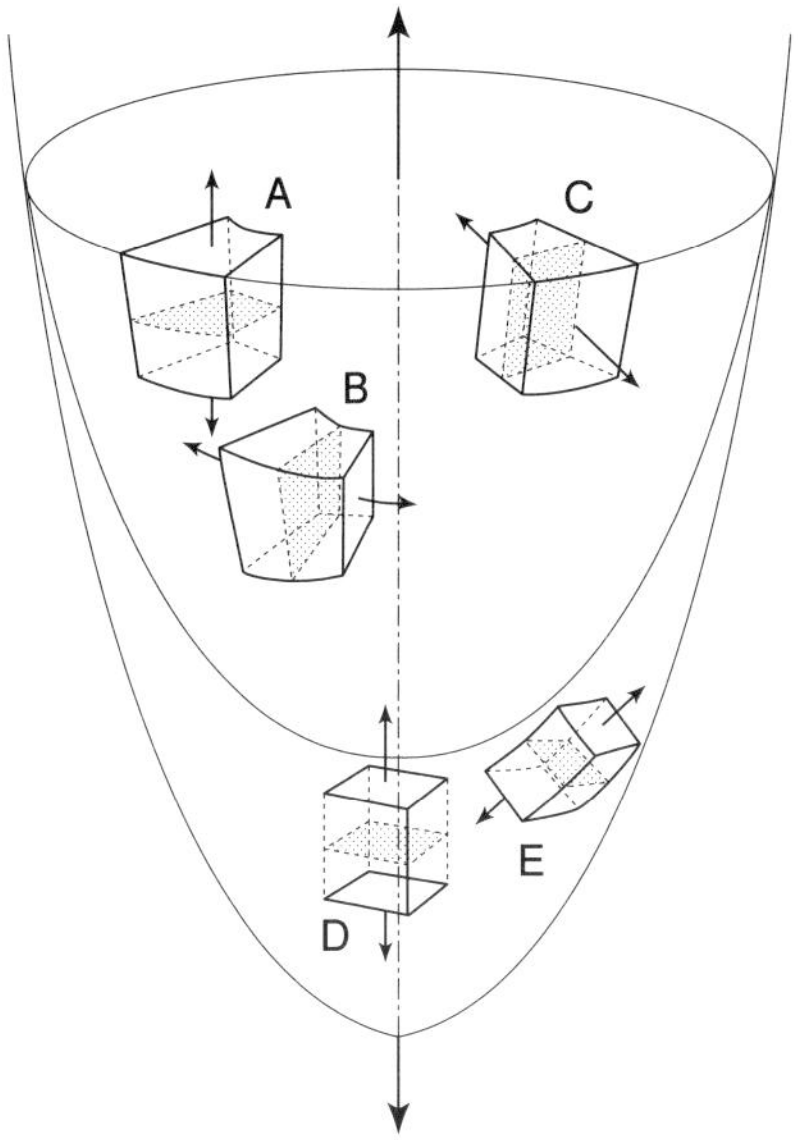

図4-9　根端近傍における細胞分裂の方向を示す模式図（川田・松井 1977）

皮層および根冠における細胞分裂　A：transverse な細胞分裂（横分裂・垂層分裂）、B：radial な細胞分裂（放射分裂・垂層分裂）、C：periclinal な細胞分裂（接線分裂・並層分裂）

根冠における細胞分裂　D：periclinal な細胞分裂（並層分裂）、E：anticlinal な細胞分裂（垂層分裂）

トの形成が冠根の伸長方向の決定に密接に関係していることを示唆している。

根冠は、その内側にある根端分裂組織（図4−1右）に由来する。順次、新しい根冠細胞が根端分裂組織から送り出されるのに、根冠の形や大きさがほとんど変わらないのは、根冠周辺を構成する細胞が次々と脱落しているからである。この脱落細胞は周縁細胞（周辺細胞）と呼ばれ、細胞生物学や根と土壌微生物の相互作用に関する研究に利用されている（森田 2000）。

根冠からは、周縁細胞が脱落するとともに粘液物質が分泌され、根が土壌粒子の間を生育するときの摩擦を軽減する潤滑油の役割を果たしている。

粘液物質の大部分は炭水化物からなるが、そのほかにも多くの有機物が含まれている。これらの有機物は、根圏に生息する多くの土壌微生物の栄養になり、土壌生態系において大きな役割を果たしている。

また、根冠を含む根端では植物ホルモンが生産分泌され、根の生長や重力屈性だけでなく、茎葉部の生育の制御にも関係している。例えば、根に水ストレスがかかるとアブシジン酸の濃度が上がり茎葉部に転流されて気孔が閉じる。また、根端で生産されたサイトカイニンは、葉の老化を遅らせることが知られている

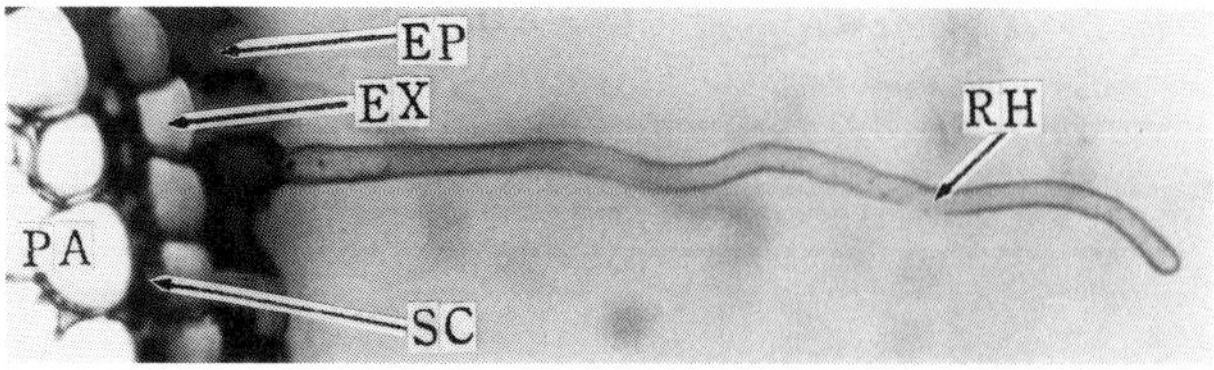

図4-10　冠根の周辺組織と根毛（森田茂紀原図）
RH：根毛、EP：表皮、EX：外皮、SC：厚壁組織、PA：皮層柔細胞

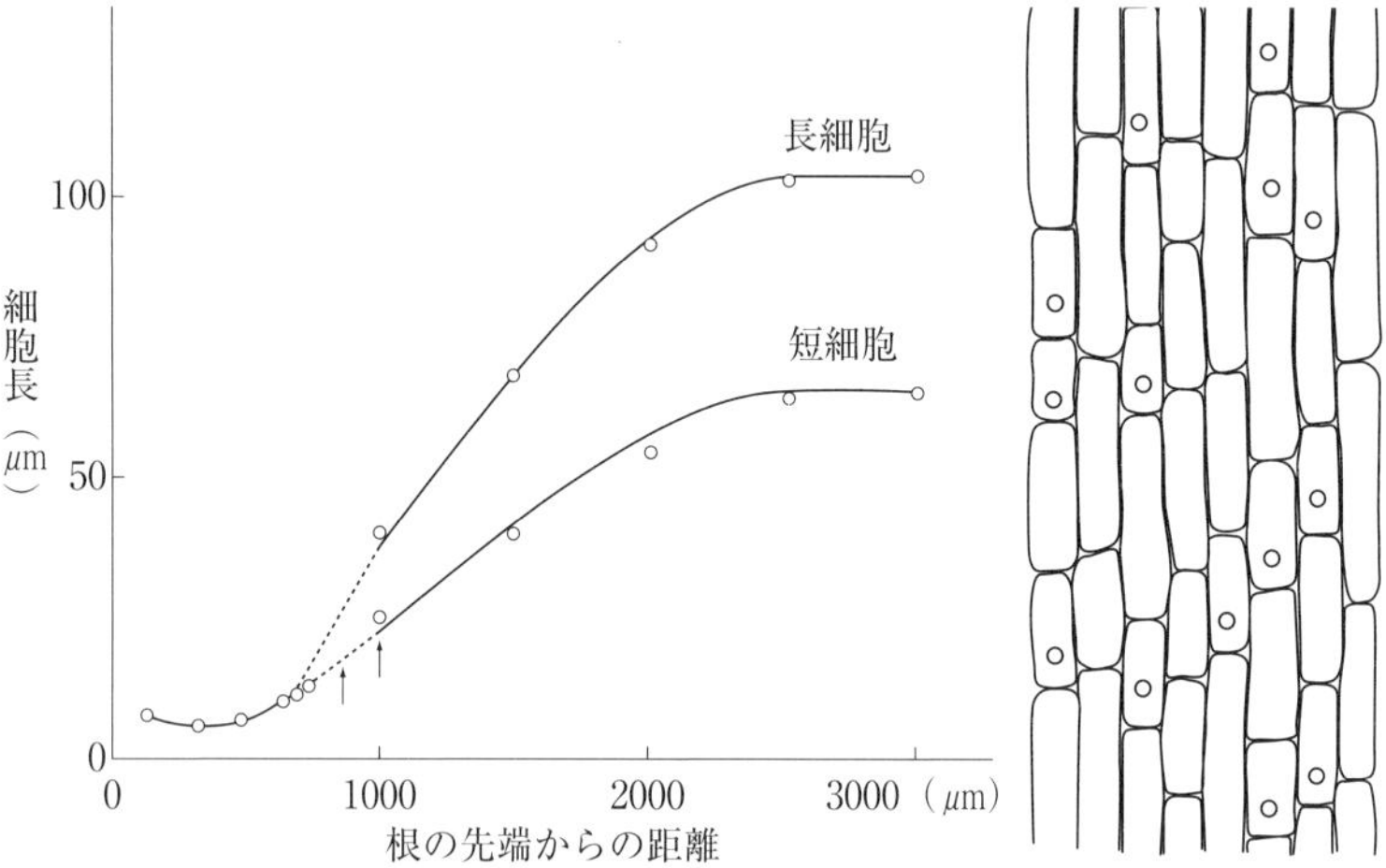

図4-11　表皮細胞の伸長と長短細胞（川田・石原 1959を一部改変）
短細胞の長さは長細胞の約60%程度、右図の○印：根毛の形成位置

（森田 2000）。

4. 冠根の組織構造

冠根の先端では、根冠が根の本体を取り囲んでいる。根の本体の横断面を見ると、表皮、皮層、中心柱の3つの組織系からなり（図4−1、図4−2）、最外層の表皮には所々に根毛が形成される（図4−10）。

根毛は根ではなく、根の表皮細胞の突起である。表皮細胞と比べて養水分の吸収機能が高いというわけではなく、根毛があることで根の表面積が拡大し、養水分の吸収や粘液物質の分泌、また根圏微生物との相互関係に大きな影響をおよぼしていると考えられる。

根毛を形成する根毛形成細胞と形成しない非根毛形成細胞とが形態的に同じ場合と異なる場合とがある。両者の形態が異なる場合、根軸方向

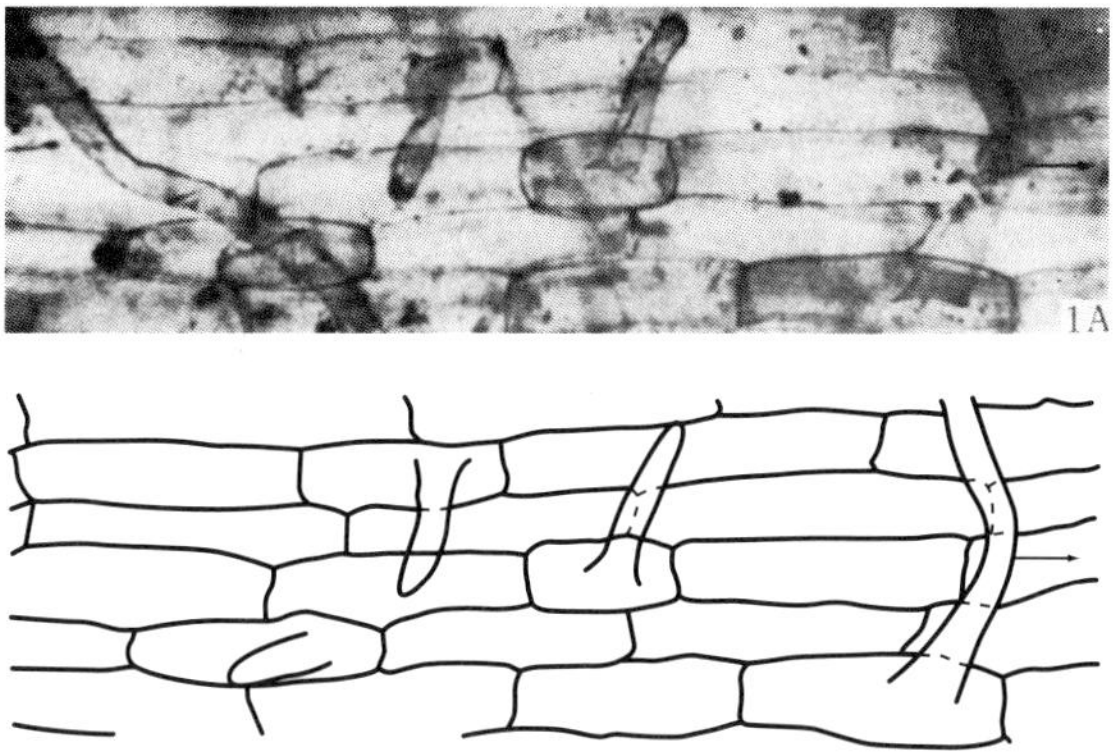

図4-12　L型側根の長細胞と、短細胞と根毛（川田・鄭 1976を一部改変）

上：長細胞、下：短細胞と根毛

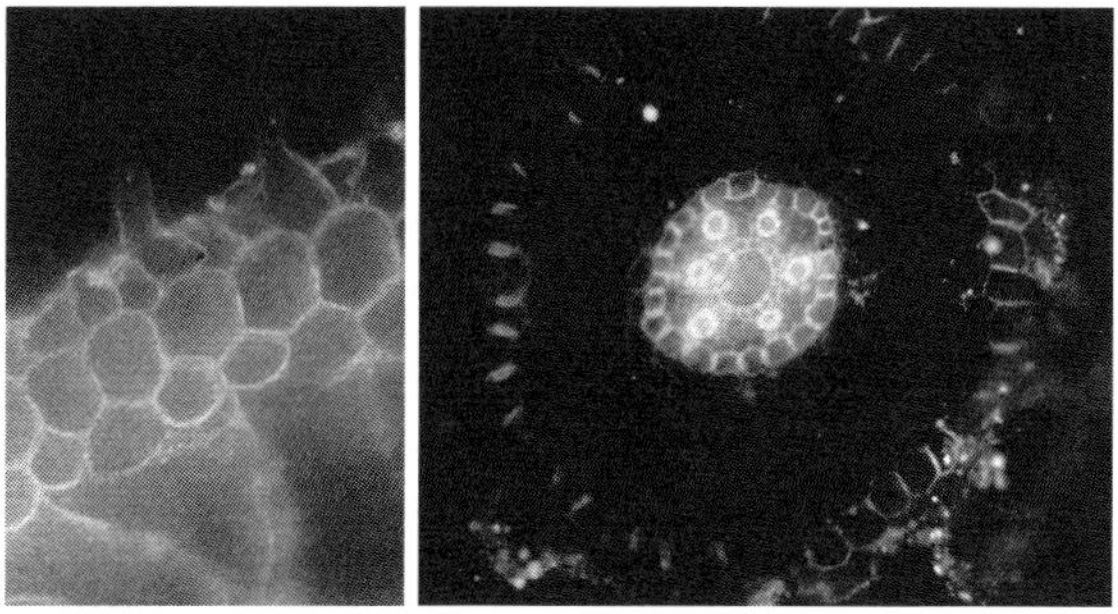

図4-13　水稲種子根の外皮と内皮に形成されたカスパリー線（森田茂紀原図）

左：外皮のカスパリー線、右：内皮と外皮のカスパリー線、いずれも放射方向の細胞が蛍光を示している

の細胞長が短い短細胞と、長い長細胞とからなる。両者の差は細胞の不等分裂で形成される場合と、細胞分裂後の細胞伸長の差で生じる場合とがある。

イネでは、細胞伸長の差によって短細胞と長細胞とが形成され（図4−11左）、根毛は短細胞の先端側に形成される（図4−11右）。側根の表皮にも冠根と同様に短細胞と長細胞とがあり、根毛はやはり短細胞の先端側に形成される（図4−12、川田・鄭1976）。

冠根の表皮と中心柱との間は皮層である。皮層の最内層は内皮と呼ばれ、水分生理に大きな役割を果たすカスパリー線という特殊な構造が形成される（川田・頼1967）。

皮層の最外層は外皮と呼ばれる。内皮には必ずカスパリー線が存在するが、外皮にはカスパリー線が形成される植物とされない植物とがある。外皮にカスパリー線が形成されるかどうかと系統分類との関係は明らかでない。

イネの種子根では、外皮にカスパリー線が存在することが確認されている（図4−13、Morita *et al.* 1996）。外皮下には細胞壁がリグニン化した小型の細胞からなる厚壁組織が形成される（図4-14）。厚壁組織は通常1細胞層であるが、複数の場合もある。

図4-15は、水稲冠根の周辺側の横断面を示したものである。外皮・厚壁組織と内皮との間には、形・大きさがよく似た柔細胞がつまっており、放射状に規則的に配列している。根端では、隣接する4個の柔細胞の間に離生細胞間隙が形成される。

また、組織成熟に伴って柔細胞の大部分は崩壊して破生細胞間隙が形成され、放射方向に細胞壁のつながりが残る（図4-15）。これらの細胞間隙の形成は通気組織の役割を果たしている。破生細胞間隙の形成は冠根の基部側で始まり、細胞間隙に向かって進んでいくが、根端には形成されない。

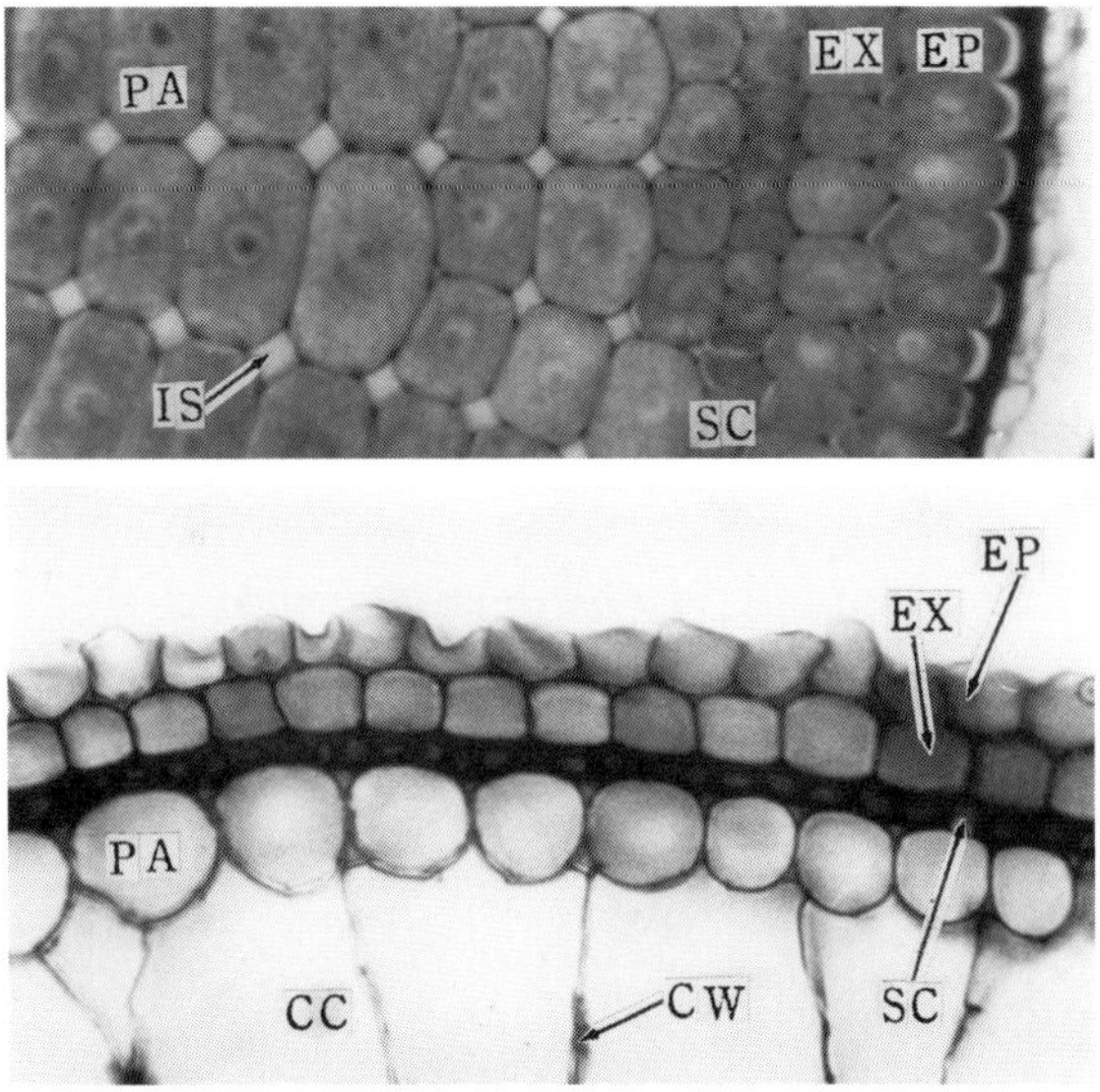

図4-14　水稲冠根の周辺側の横断面（森田茂紀原図）
上：根端側、下：基部側
EP：表皮、EX：外皮、SC：厚壁組織、PA：皮層柔細胞、CC：細胞間隙、CW：細胞壁、IS：細胞間隙

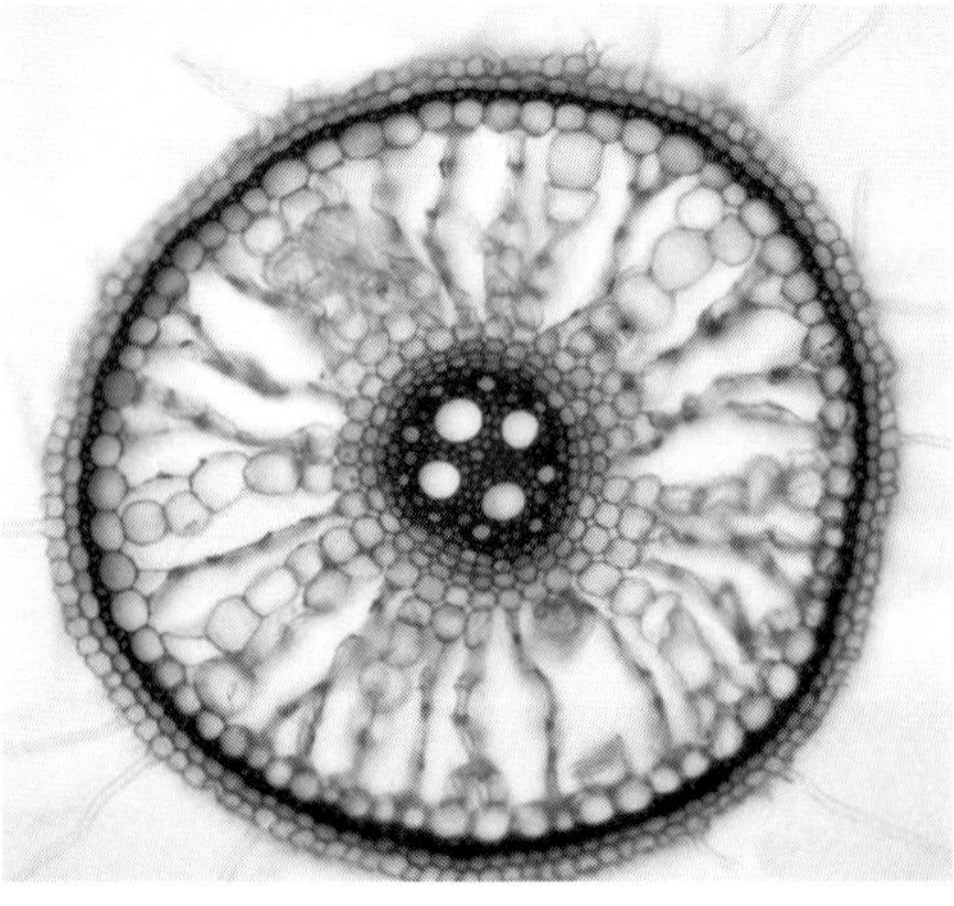

図4-15　水稲冠根の成熟部位における横断面
（森田茂紀原図）
皮層に破生細胞間隙が形成され、放射方向の細胞壁が残っている

この破生細胞間隙の生理的機能に関しては、2つのアイデアがある。1つには、通気組織としての役割が考えられる。もう1つは、皮層柔細胞が崩壊することによって柔細胞を構成していた物質が側根形成に供給されるというものである。

5. 中心柱と維管束

表皮と皮層に取り囲まれた冠根の中央部分は中心柱である。中心柱の最外層は内鞘と呼ばれる。内鞘は通常1層で、大きさと形が異なる細胞が周期的に現われる（図4-2）。

中心柱には原生木部導管、後生木部導管Ⅰ、後生木部導管Ⅱの3種類の導管（図4-16）と、原生篩部篩管、後生篩部篩管の2種類の篩管とが散在しており、その間を柔細胞が埋めている（図4-2、図4-15）。冠根が成熟すると導管および中央の柔細胞の細胞壁が肥厚する。

導管と篩管の形成をみると、中心柱の中央にまず後生木部導管Ⅱが数本、分化する。続いて後生木部導管Ⅱの周辺側に、ほぼ等間隔に後生木部導管Ⅰが円周状に分化する。後生木部導管Ⅰは内鞘に接した位置に分化し、後生木部導管Ⅰに接する内鞘細胞が垂層分裂を行なって原生木部導管が形成される（図4-17左）。

後生木部導管Ⅰと原生木部導管からなる木部と木部の間に篩部が存在する。すなわち、後生木部導管Ⅰと互い違いに後生篩部篩管が形成され、内鞘との間に特殊な不等分裂が起こり、原生篩部篩管1本とそれを左右から挟む2個の伴細胞が形成される（図4-17右）。

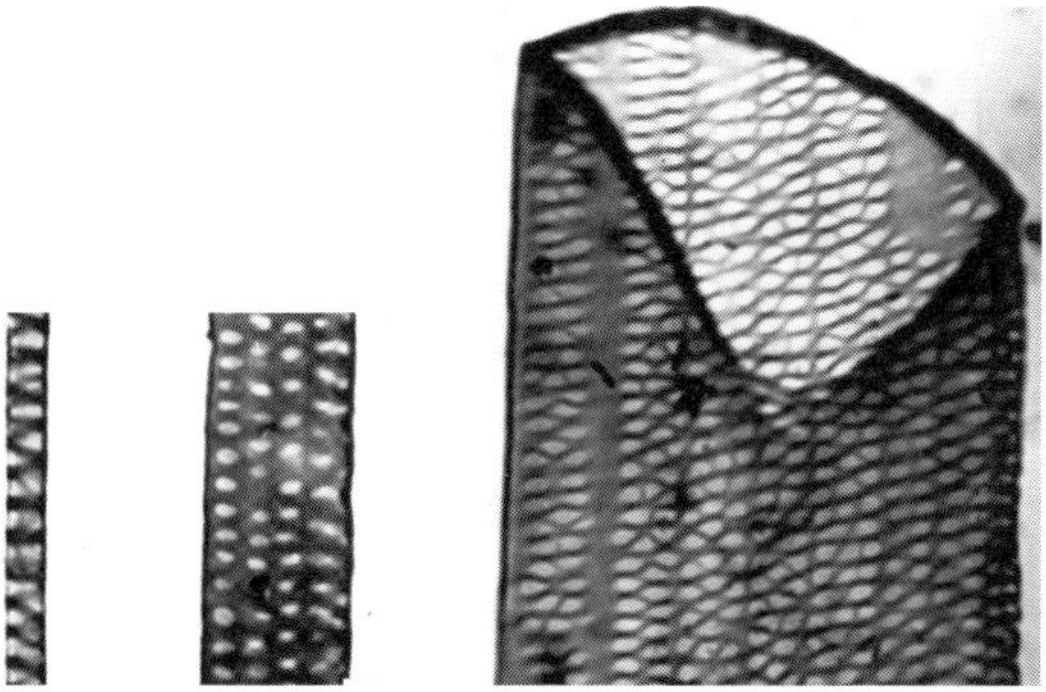

図4-16 導管要素の外壁模様（森田茂紀原図）
細胞をバラバラにする解離法で得られた様々な導管要素
左：原生木部導管、中：後生木部導管Ⅰ、右：後生木部導管Ⅱ

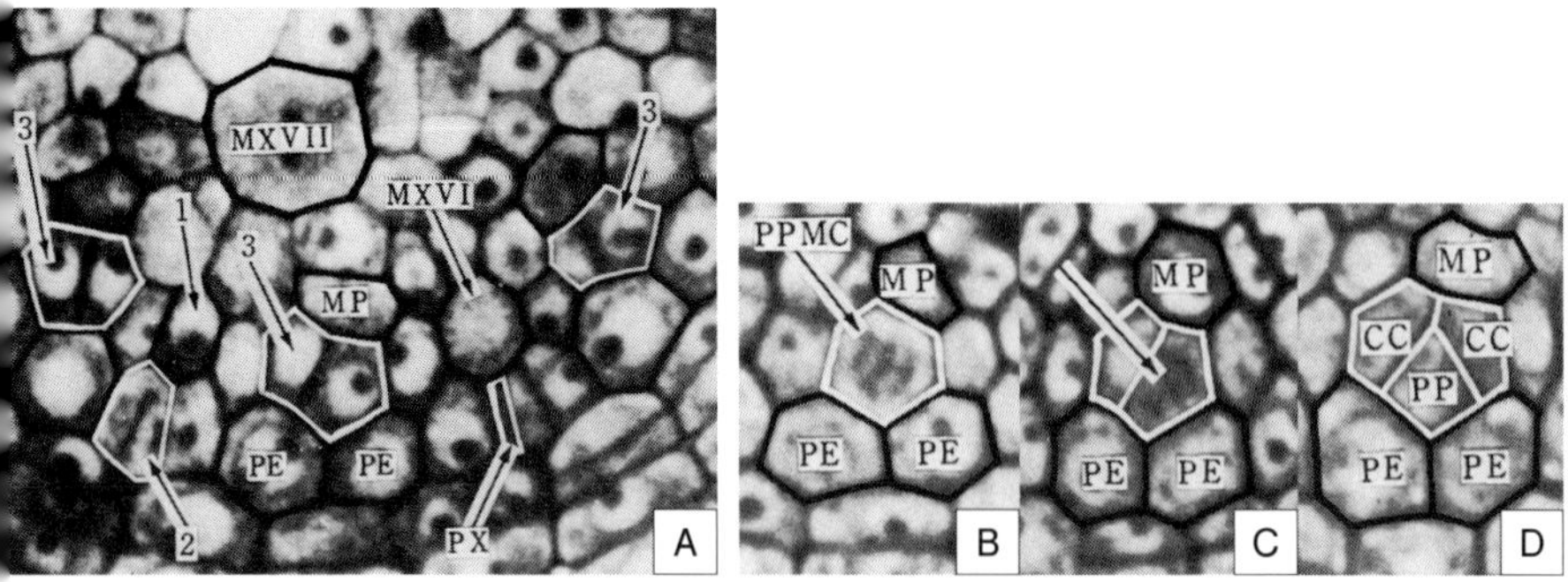

図4-17　中心柱における導管・篩管の形成過程（川田ら 1978aを一部改変）

A：原生木部導管の形成（PX：原生木部導管、MXVⅠ：後生木部導管Ⅰ、MXVⅡ：後生木部導管Ⅱ、PP：原生篩部篩管、MP：後生篩部篩管、PE：篩部に対応する内鞘細胞、1：後生木部導管、2：垂層分裂中の内鞘細胞、3：原生篩部篩管形成の第１不等分裂、B・C・D：原生篩部篩管の形成過程（B：原生篩部篩管母細胞（PPMC）の第１不等分裂、C：原生篩部篩管母細胞の第２不等分裂、CC：伴細胞）

まとめ

本章では水稲冠根の組織構造とその形成過程についてみた。根の先端には根冠があり、根を作る頂端分裂組織を保護している。根冠から周縁細胞や粘液物質が分泌されることは、根が土壌中を伸長することを助けている。また、根冠中央のコルメラを構成する細胞には多くのアミロプラストが含まれており、根の伸長方向の決定に係っている。

根の本体は周辺側から中心側に向かって表皮、皮層、中心柱の３つの組織系からなる。表皮には根毛が形成され、表面積が拡大する。皮層の（最外層と）最内層には水分生理に関わるカスパリー線が形成される。また、皮層細胞が崩壊することで通気組織が形成される。中心柱は最外層が内鞘で、その内側に３種類の導管と２種類の篩管が分布している。

第5章　側根の構造と生育

根系は茎から出現した冠根と、冠根から分枝した側根（および側根から枝分かれした側根）によって構成されている。側根の重さは無視できるほどわずかであるが、長さでみるとほとんどを占めており、養水分の入り口として機能していることが分かってきた。

第４章では冠根の構造と生育について解説した。本章では、側根の構造と生育について取り上げ、冠根と側根との関係を含めて、養水分の通導経路についても考察する。

1. 側根原基の形成

側根原基は親根、すなわちイネの場合なら冠根やＬ型側根の内鞘から内生的に形成される。冠根の場合、横断面に形成される側根原基の位置は親根の維管束の配列に対応している。

冠根の場合は隣接する木部列の間、篩部列に対応する位置に側根原基が形成される（図５−１、川田・芝

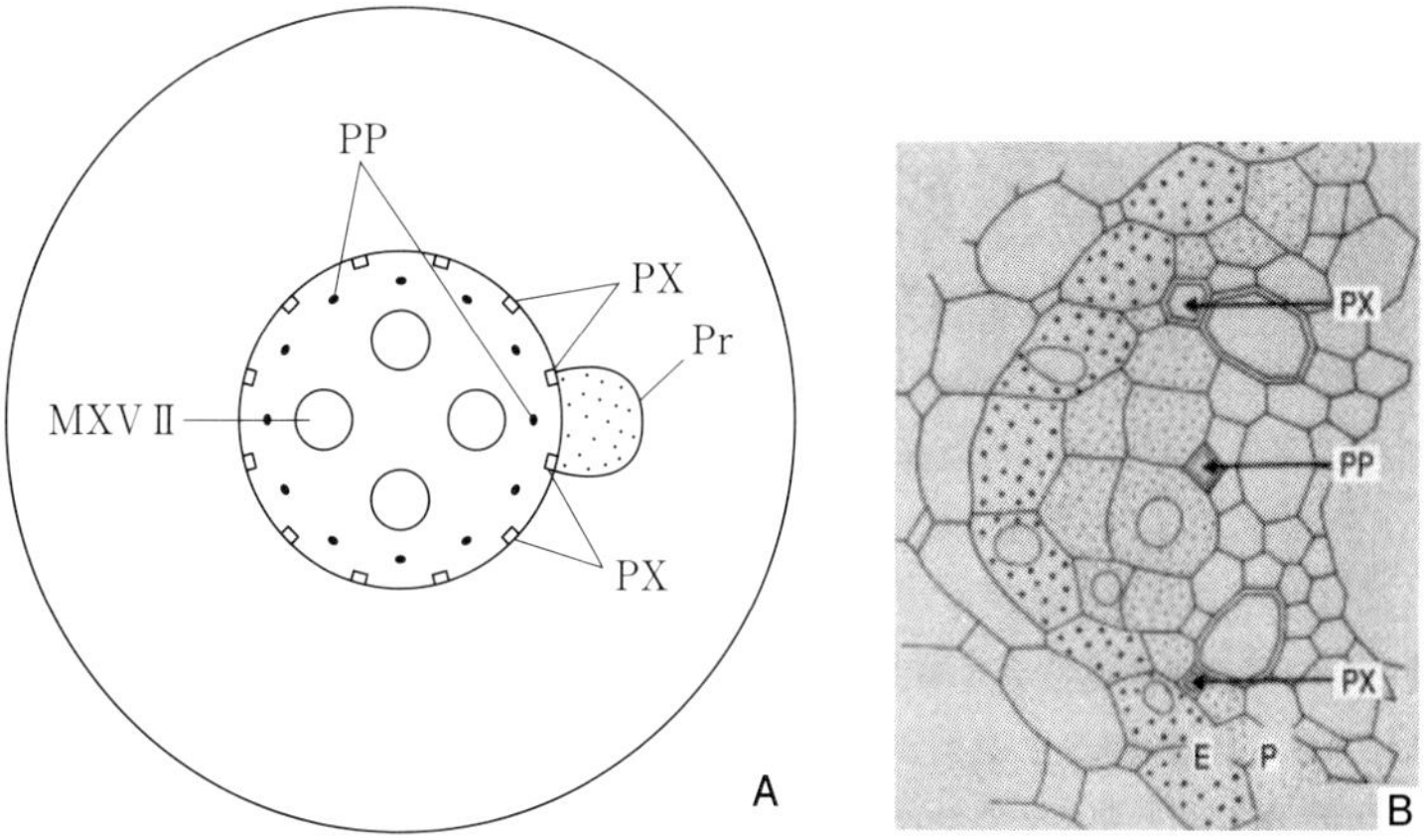

図5-1　水稲冠根の横断面における側根原基の形成位置（川田・芝山 1965を一部改変）

A　冠根横断面の模式図　Pr：側根原基、PP：原生篩部篩管、PX：原生木部導管、MXVⅡ：後生木部導管Ⅱ
B　側根始原体付近の模式図　E：内皮、P：内鞘、PP：原生篩部篩管、PX：原生木部導管

山　１９６５）。そのため、側根の形成数と親根の中心柱の直径や極数との間には有意な正の相関関係が認められる。

側根原基の形成が始まるのに先立って、内鞘・内皮およびその周辺の柔細胞が分裂的な状態となる。内鞘細胞の最初の分裂方向は必ずしも決まってはおらず、並層分裂の場合と垂層分裂の場合とがある。

側根原基の大部分は冠根の内鞘に由来するが、内皮が関係する場合もある。内皮細胞は主として垂層分裂を行ない、側根原基の先端を包み込むようになる。

側根原基は細胞分裂を繰り返しながら大型化していく。これに伴って組織形成も進み、冠根から出現する前に、根冠、表皮、皮層、中心柱のそれぞれの組織系が完成し基本的な体制ができあがる（図５−２）。

側根原基が冠根から出現する過程で、原基に隣接する冠根の皮層が崩壊する。これは側根原基の機械的圧力による可能性があり、冠根の厚壁組織に達すると機械的な抵抗を受ける。

この抵抗に打ち勝って冠根から出現すると、側根基部にくびれが認められることがある。しかし、抵抗に打ち勝てずに冠根の皮層内で生育を停止してしまう側根原基や、冠根の皮層内を縦走する側根もある。

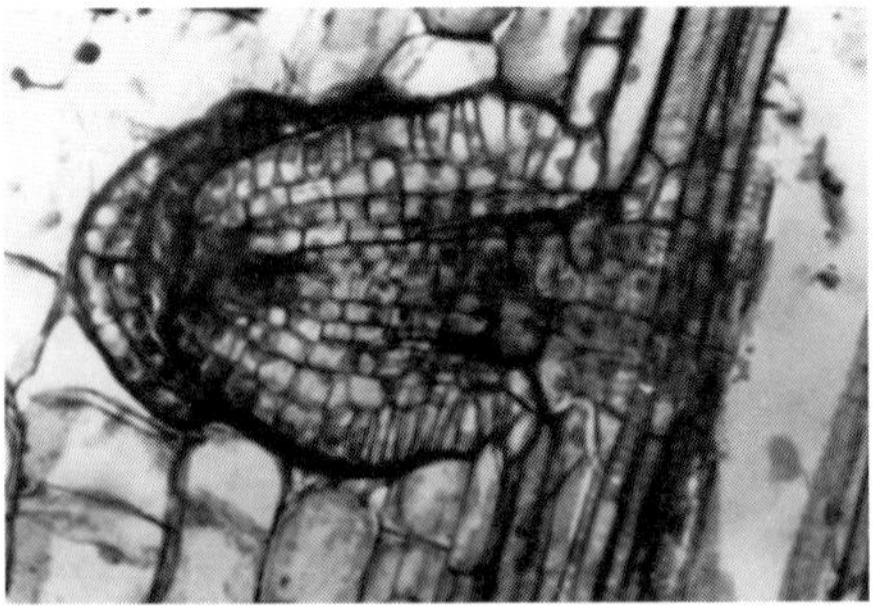

図5-2　水稲冠根（縦断面）のなかを生育中の側根原基（森田茂紀原図）

側根原基が親根の皮層や表皮を打ち破って出現すると、側根の根端分裂組織の活動が盛んになる。また、側根の先端部分を包む内皮に由来する組織は通常の形態の根冠に置き換わっていく。したがって、伸長した側根の組織はほとんどが冠根の内鞘に由来することになる。

２．側根の組織構造

側根原基の組織構造や組織形成は、基本的に冠根と同じである。ただし、側根は冠根に比較して直径が小さく、それに応じて組織が単純で小さく、極数も少ない。

水稲の側根には太くて長い側根（L型側根）と、細くて短い側根（S型側根）とが認められる。L型側根とS型側根は直径の大小に対応して組織構造も異なっている（図5―3、表5―1）。このような現象を側根の2元性という。

なお、東京大学の川田・山﨑グループの太い分枝根（2次根）と細い分枝根（2枝根）と、名古屋大学の河野グループのL型側根とS型側根とはそれぞれ同じものを指していると考えられる。本書では、L型側根とS型側根という用語で統一する。

L型側根とS型側根との差が生じてくる時期を、形態形成学的に同定することは難しい。水稲における側根原基の形成過程を詳細に観察しても、初期段階ではL型側根とS型側根とで形態学的な差異は認められない。生育に伴う側根の直径の差異は、中心柱における

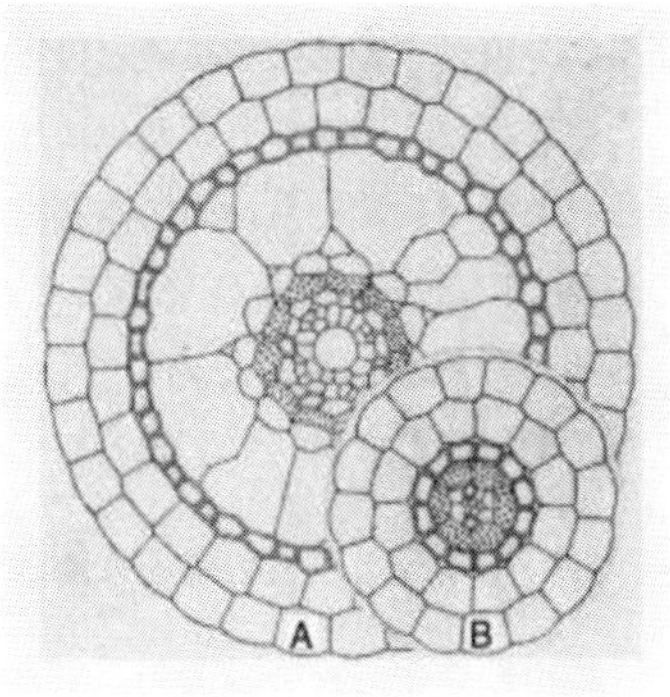

図5-3　水稲のL型側根（A）とS型側根（B）の模式図（川田・芝山 1965を一部改変）
いずれも、周辺側から中心側に向かって表皮、外皮、厚壁組織、また点状の網掛けは内皮

表5-1　水稲側根の2元性（森田 2020）

比較形質	L型（太い）側根	S型（細い）側根
長さ	長い	短い
直径	太い	細い
密度	疎	密
分枝	する	しない
親根	冠根・L型側根	冠根・L型側根
根毛	ある	ある
表皮	ある	ある
外皮	ある	ある
厚壁組織	ある	ある
皮層柔組織	ある	発達しない
内皮	ある	ある
内鞘	ある	ある
極数	3～4	2
中央導管	1	なし

川田・芝山（1965）, 川田・副島（1976）、川田・鄭（1976）、川田ら（1977e）から作成

細胞分裂や内皮の形成層的な活動に由来すると考えられる。

3. 冠根と側根の関係

冠根の根軸に沿った直径および各組織の推移の幅を検討したところ、冠根の直径の推移と側根形成との間には3つのパターンがあることが分かった。すなわち、冠根は根軸に沿った直径の減少程度によって、A型根、B型根、C型根の3つに分けられる（図5–4）。

この類型では直径の絶対値が基準ではなく、冠根原基が茎から出た直後の基部直径（d_1）に対して5cm伸長した部位の直径（d_2）がどの程度減少したか（$D = d_2/d_1$の大小）を評価している。根軸に沿った直径の減少割合はC＞B＞Aで、冠根の長さ当たりの側根の形成密度（本／cm）はC＞B＞Aの順に旺盛である。

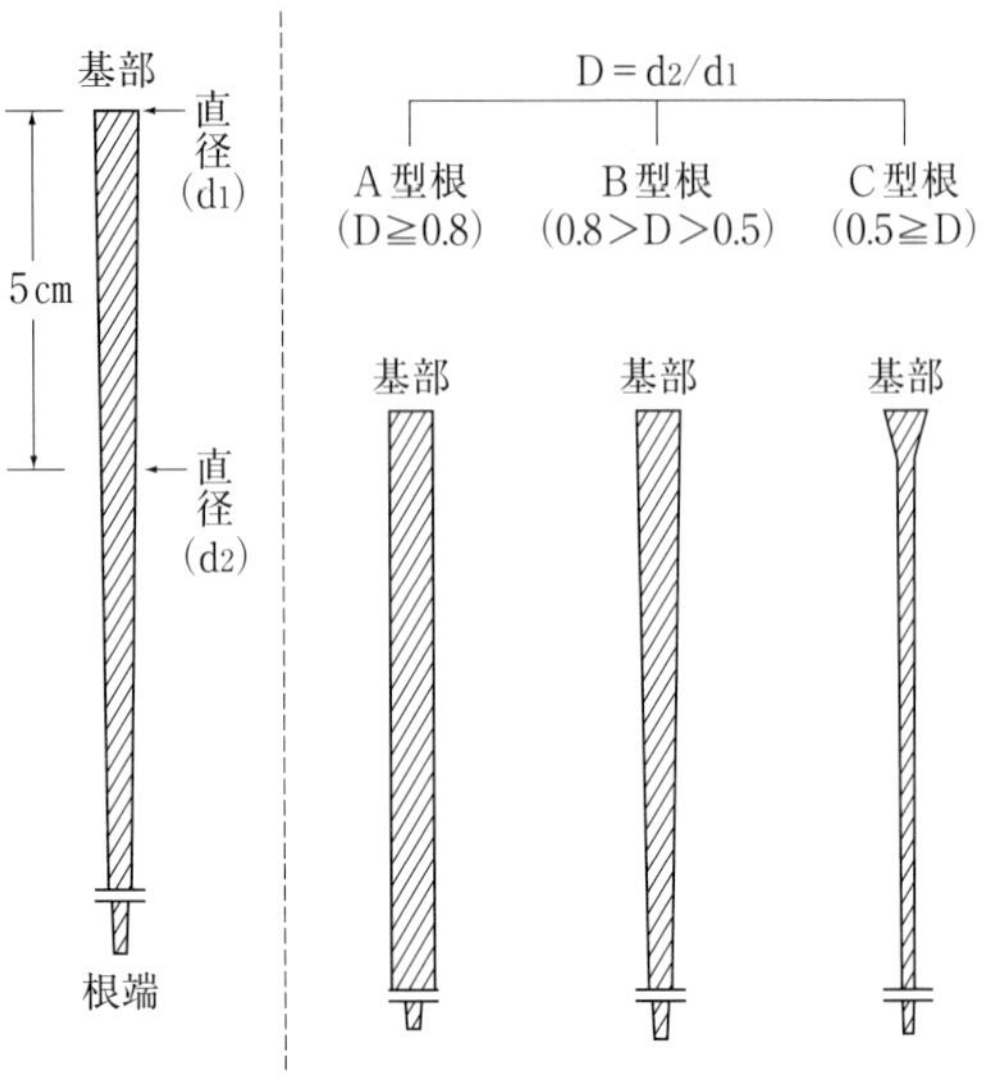

図5-4　冠根直径の推移に基づく3類型（川田ら 1980a）

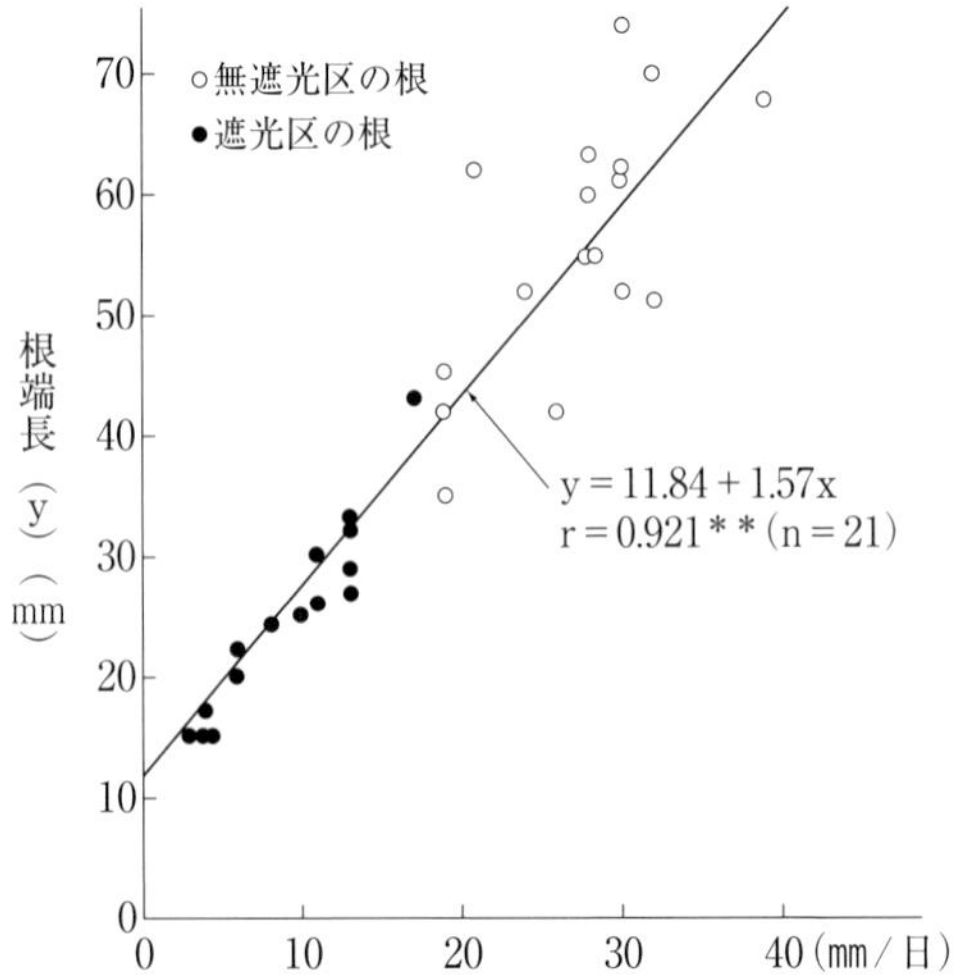

図5-5　根の伸長速度と根端長との関係
（川田・石原 1977を一部改変）

以上のように、冠根直径の減少程度と側根の形成密度の間には負の相関関係が認められる（川田ら 1980）。冠根が伸長するのに伴って直径が減少していく様相は、冠根の先端側に転流される光合成産物の多少に大きく影響されることが分かっている（川田ら 1975、川田・松井 1975、川田・松井 1979）。また、冠根の生育と側根形成との間には補償的関係があると考えられる。

もう1つ注目しておきたいのが、根端長である。根端長とは、冠根の先端から最初の側根までの長さのことである。この根端長と、根端直径、基部直径、伸長速度の間には有意な正の相関関係が認められる（第5-5図）。

また、根端長と親根の伸長速度・長さとの関係は、導管を含む組織形成と相対的に対応している（第5-6図）。そのため、根端長は根のエイジや生育の良否を示す重要な指標と考えられる。

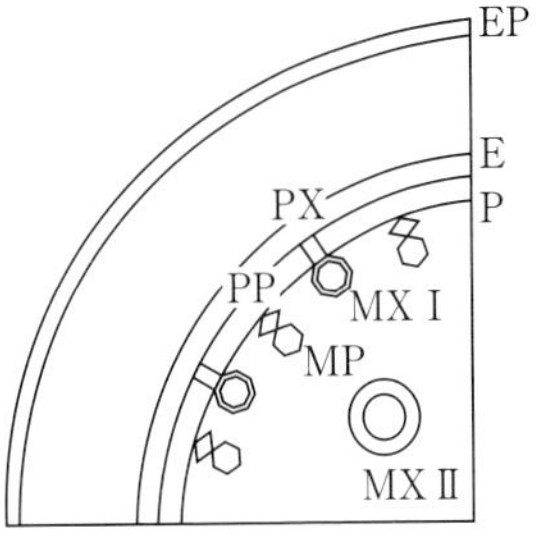

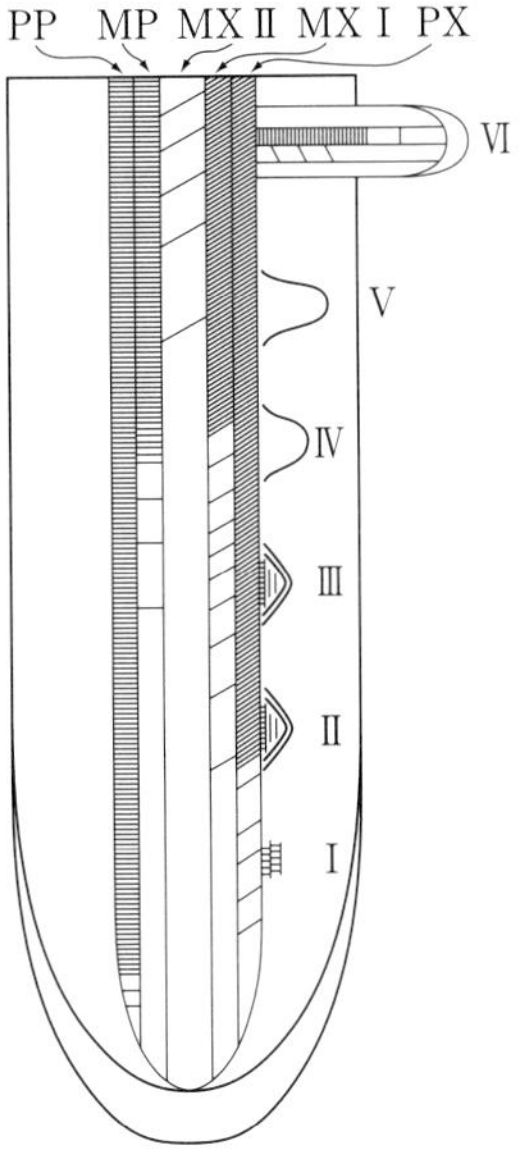

図5-6　冠根の横断面（左）における維管束の配置と、縦断面（右）における維管束の成熟と側根形成との相対関係を示す模式図（川田・高田 1972を一部改変）

EP：表皮、E：内皮、P：内鞘、PX：原生木部導管、MXI：後生木部導管 I、MXII：後生木部導管 II、PP：原生篩部篩管、MP：後生篩部篩管

側根原基はIからVIの順に生育が進む（左）

4. 通水経路と通水能力

根による養水分吸収・通導を考えるうえで、冠根と側根との維管束の連絡様式や、側根どうしの形態的なつながりを明らかにすることが必要である。

しかし、根と根の接続様式の立体構造を解析することは難しく、研究はあまり進んでいない。ただし、従来の研究によって導管の分化成熟の順序や導管連絡の様相の概要は明らかとなっており（図5-7）、側根か

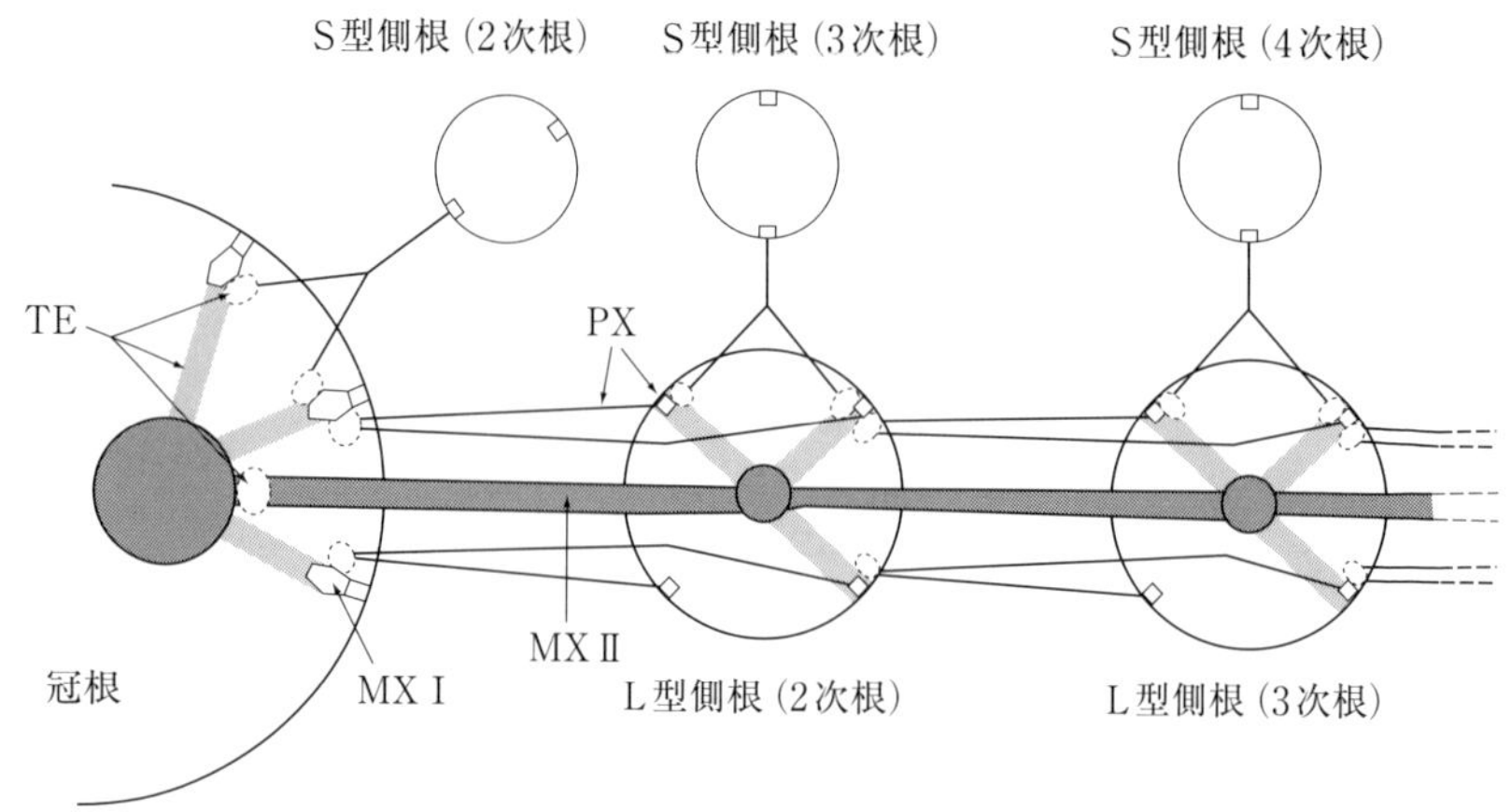

図5-7　冠根および各次元の側根との間の導管連絡（川田ら 1977eを一部改変）
PX：原生木部導管、MXI：後生木部導管I、MXII：後生木部導管II、TE：管状要素

ら吸収された養水分の経路の概要は推定されている（Morita and Nemoto 1995）。ただし、その生理学的な実証は遅れている。

まず、維管束形成を見ると、導管の分化は冠根の中心側から周辺側に向かって遠心的に、すなわち後生木部導管Ⅱ→構成木部導管Ⅰ→原生木部導管の順序に進む。成熟は反対に冠根の周辺側から中心側に向かって求心的に、原生木部導管→後生木部導管Ⅰ→後生木部導管Ⅱの順序に進む（川田ら 1978a）。

したがって、吸水経路を考えてみると、養水分はまず根の表面に最も近い原生木部導管に入る。その後、原生木部導管についで成熟する後生木部導管Ⅰに移る。さらに基部側で後生木部導管Ⅱに運ばれると考えられる。後生木部導管Ⅰと同Ⅱとは直接に接していないが、両者をつなぐ管状要素が確認されている（図5−7）。

また、側根形成が進むとき、親根の冠根やL型側根との維管束の分化と成熟はリンクしている（川田・高田 1972）。また、それぞれの維管束は連絡に都合よく配置されており、連絡要素が形成されていることも確認されている。

植物の吸水には受動的吸水と能動的吸水の2種類が

ある。受動的吸水は蒸散を駆動力としているが、蒸散速度の推移から少し遅れて進むことから、植物体内のどこかに通水抵抗が存在すると考えられる。また、根系を除去すると吸水速度が増えることから、植物体内における通水抵抗は根系で大きいことが分かる。

　根の通水抵抗は軸方向の抵抗と放射方向の抵抗の2つに分けて考えることができる。トウモロコシとコムギで軸方向の通水抵抗をサイフォンの原理で測定した結果、根の直径と等価導管直径との間には有意な正の相関関係が認められた（長野ら 1993）。

　等価導管直径というのは、1本の根のすべての導管の通水能力を1本の導管で置き換えた場合の導管の直径のことである。等価導管直径を想定することによって、導管の通水能力を容易に比較することが可能となる。

　また、細い管のなかを流れる液体の流速（単位時間当たりの流量）は管の直径の4乗に比例する（ハーゲン・ポワズイユの法則）。導管内の水の流れもこの法則にしたがって導管の直径の4乗に比例することが確認されている（長野ら 1993）。導管の直径は、原生木部導管＜後生木部導管Ⅰ≪後生木部導管Ⅱであるため（川田ら 1978a、1979b）、後生木部導管Ⅱの直径と本数によって規定されることになる。

　放射方向の抵抗を直接測定することは困難であるので、根系全体の抵抗から軸方向の抵抗を引いて放射方向の抵抗を推定すると、放射方向の抵抗＞軸方向の抵抗であることも分かった（長野ら 1993）。

まとめ

　根系は多くの冠根から構成され、冠根には非常に多くの側根が形成される。側根は親根の内鞘から内生的に起源し、親根の表皮を打ち破って出現する。イネの側根には太くて長いL型側根と、細くて短いS型側根の2種類がある。側根の組織構造は直径の大小に応じて異なっている。

　側根と冠根の維管束は接続して、側根から吸収された養水分は冠根の維管束に入り、徐々に冠根の中心側の導管に移動して茎葉部に転流すると考えられる。通水能力は導管直径の4乗に比例することが確認されており、太い導管の直径と本数に大きく規定される。根には通水抵抗があり、軸方向の抵抗に対し放射方向の抵抗が大きい。

第6章　根の直径の形成

イネの冠根と側根の組織構造を見ると、それぞれ多くの形質が密接な相互関係を示している。そのなかで直径が多くの形質とリンクしていることが次第に明らかになってきた。そこで、本章では冠根と側根の直径に着目して、組織構造や組織形成を解析してみる。

1. 根端の形態解析

根系を構成している冠根や側根の根端の形態について解析を行なった結果、根の直径には大きな変異があるものの、個々の根における組織の間には、密接な相関関係が認められた。

すでに指摘したが、根系全体の形態には大きな可塑性が認められる一方、根系を構成している個々の根の形態には共通した相互関係が認められる。

例えば、根端の直径と中心柱の直径、皮層の細胞層数、根冠の大きさの間には高い正の相関関係が認められる（図6−1、川田ら　1977d）。相関関係は必ずしも因果関係を表わすものではないが、根端における組織形成が密接に関係しながら進行していることを強く示唆している。

様々な植物において根の直径あるいは中心柱の直径と導管・篩管の数との間に正の相関関係が認められる。しかし、相関関係があるという記載に留まり、形態学的な解析はほとんど行なわれていなかった。

イネ科作物の種子根や節根・冠根では、後生木部導管Ⅰ、原生木部導管、後生篩部篩管、原生篩部篩管（母細胞）の数は原則として同じである。したがって、維管束数を検討する場合は、これらのいずれか1つと後生木部導管Ⅱの2つに着目すればよい（川田ら　1978b、川田ら　1979b）。

そこで、イネの冠根で後生木部導管Ⅱと原生篩部篩管の2種類の維管束要素に着目して解析した結果、両者の数が決まる根端において、冠根や中心柱の直径とそれぞれの維管束数との間には有意な正の相関関係が認められた。

すなわち、根端が大きい冠根では導管・篩管の数が多い傾向がある。また、根が生育するのに伴い基部から先端に向かって直径が減少し、それに伴って導管・篩管の数も減少していく（川田ら１９７９ｂ）。

　これらの事実は、根端における導管・篩管の数や大きさは維管束が分化できる「場」の大きさに規定されていることを示唆している。

　また、同じような相関関係は維管束が成熟する根の基部でも認められ、維管束の分化成熟とその後の組織の形成が相互に対応しながら進むと考えられる。

　例えば、成熟部分の横断面における内鞘細胞数と原生篩部篩管の数との間には正の相関関係が認められ、内鞘細胞約６個に１本の原生師部師管が対応している（川田ら１９７９ｂ）。

　雑穀類の節根でも、中心柱の直径、内鞘細胞数、極数（根の木部の数）の３者の間に比例関係が認められ

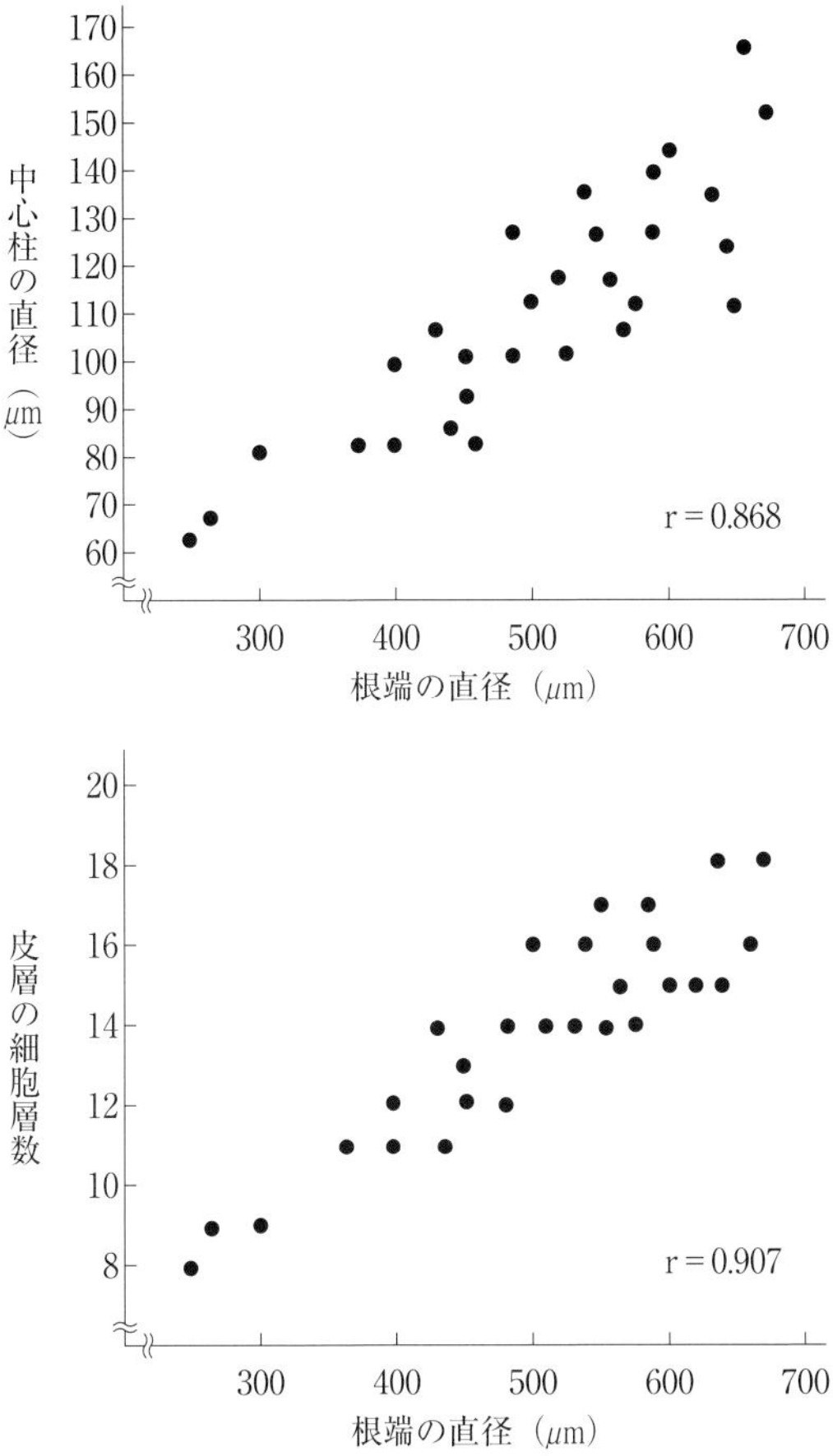

図6-1　根端の直径と組織との量的関係
（川田ら 1977dを一部改変）

る。１つの極に対応する内鞘細胞が5～7個であることはイネと同じで、非常に興味深い（中元・山﨑　１９８８）。

維管束形成において、根や中心柱の直径のような物理的な大きさと、内鞘細胞の数のような生物的な大きさのいずれが意味をもっているのかは、比較形態学的な観点から興味ある問題である。

ただし、直径が大きいと導管・篩管の数も多いが、両者の関係は徐々に頭打ちになる傾向が認められる（川田ら　１９７９ｂ）。そのため、導管・篩管の数だけでなく、直径や断面積にも着目する必要がありそうである。

実際、イネでは中心柱の断面積と導管・篩管の断面積との間にはそれぞれ比例的な関係が認められる。器官や組織の数と大きさとの間には根に限らず、補償的な関係が想定されるのかもしれない。

冠根の組織形成には多くの要因が関わるため、解析するために主成分分析という手法を利用した。その結果、全体的な大きさを意味すると考えられる第1主成分が全体の変異の80％に関わることが明らかとなった。例えば、直径が大きいと皮層も大きいし、維管束の数も多いという関係が非常に強いということである。

このような関係を除くと、維管束間のコントラストなどを示す第2主成分や第3主成分などは器官や組織の形成に関わる度合いが小さかった（森田　２０００）。

以上のように、冠根を構成する組織の間には密接な関係が認められることが多い。これは、根端の組織形成が相互に密接に関連しながら進んだ結果と考えられる。

また、冠根の根端における組織構造について組織間の緊密さを解析するためにクラスター分析という手法を利用した結果、形質間の関係がそれぞれの形質が決定する順序とほぼ対応していた。

以上のように、統計解析を利用することで器官や組織の形態や形成の特性を浮かび上がらせることができる可能性がある。

2. 形質の相互関係

形態学における重要な視点としては器官と器官、組織と組織との相互関係があり、それが器官や組織の同定の根拠にもなる。またそのような関係が時間経過とともにどのように変化するのか、しないのかということも大きなポイントになる。つまり、１つはグラフの横軸に時間を取って考えてみるということである。

　例えば、横軸に時間を取り縦軸に生物量を取るとS字曲線となることが多い。縦軸に根長を取った場合もその一例である。縦軸の根長の絶対値は様々であるが、水田で栽培したイネの根系の場合、冠根は順調に伸長すれば30～40cmになる。

　根長は、地上部から供給される光合成産物の量という内的要因（その背景には気象条件もある）と、土壌の物理化学的条件という外的要因との総合的な影響で決まる。

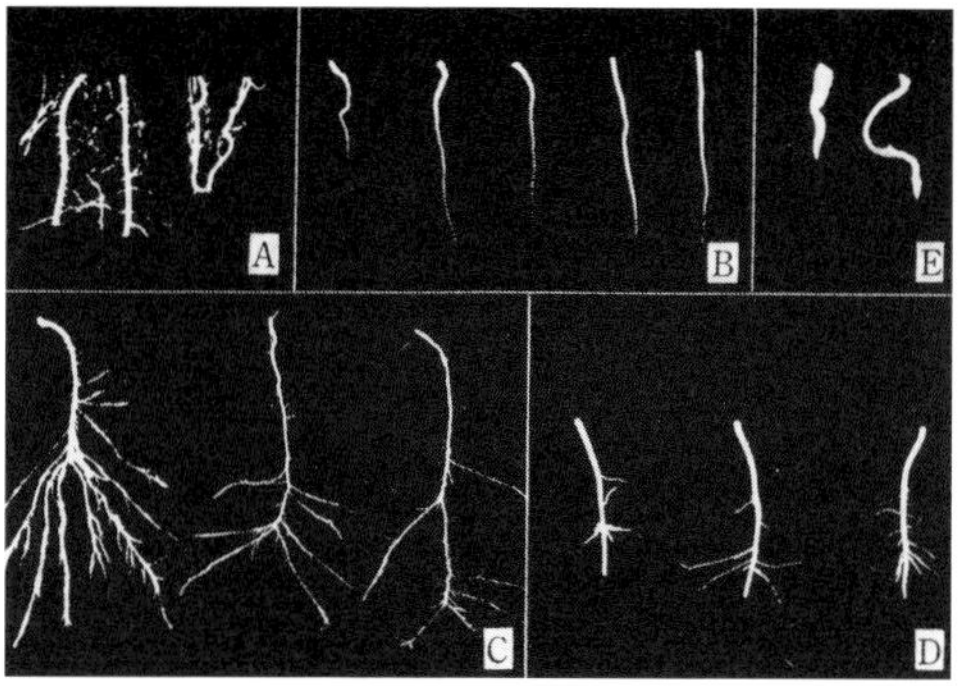

図6-2　様々な形態のいじけ根（川田ら 1979a）

　冠根原基は、ファイトマーの茎部分に形成される。生育後期には原基が形成されても出根しないままで一生を終わる生育停止根や、出根しても生育が継続せずに5cm未満で伸長を停止するいじけ根がある（図6-2）。

　その後伸長を続けても土壌の物理化学的条件によって根端分裂組織が損傷を受けると伸長が停止し、頂芽優性的現象として根端近くから多くの太い側根が形成されることがあり、ししの尾状根と呼ばれる（川田・副島　１９６９）。

　順調に生育した伸長根は頂端生長を続けるが、実際には順次形成されるそのほかの冠根との関係もあり、やがて伸長を停止する。

　伸長根は、通常は30～40cmである。そのほかの冠根の生育が影響しない葉ざし法（山﨑　１９７８）を利用すると、冠根は１m程度まで伸びることが確認されている。また、種子根の培養を行なうと根が長く伸びる。

　このように、冠根には典型的なライフパターンがあるものの、実際にどの時点で生育が終わるかは様々で、最終的な形や長さも多様である。そして、そのときそのときの内外の様々な要因の影響が根の形や長さに履歴として残ることが多い。

　側根の生育も、冠根と基本的に同じと考えられる。

　側根原基は冠根やL型側根のなかに内生的に形成され、親根の表皮系を打ち破って出現する。ただし、原基のまま親根から出現できない側根や、表皮系を打ち破れずに親根の皮層内を伸長するものもある。

側根も根端分裂組織がダメージを受けると生育が止まるが、補償的に根端近くから側根が形成されることが少なくない。側根の根長も内的要因と外的要因との相互作用によって決まってくる。そのため、側根の最終的な長さもまちまちだが、葉ざし法では冠根の根軸に沿った側根の長さが一定になる。その理由は明らかになっていない。

冠根の根端長が伸長速度とリンクしていることはすでに解説したが、これは冠根の伸長と、側根の形成との相対関係から理解することができる。

すなわち、冠根の伸長と側根の形成とはそれぞれ独立した速度で進み、両者の差によって根端長が変化する。冠根における側根の形成より冠根の伸長が速ければ根端長は長くなり、反対に冠根の伸長より側根形成が相対的に早く進むと根端長が短くなる。最終的には根の伸長が止まり、根端分裂組織近くまで組織形成が達する。

冠根１㎝当たりに何本の側根が形成されるかという側根の形成密度が問題となることもある。この場合、側根形成自体は同じスピードで進んだとしても、冠根の伸長速度が遅ければ冠根１㎝当たりの側根の数は多くなる。

したがって、最終的にできあがった側根の形成密度が大きいからといって側根形成が盛んかどうかは慎重に考える必要がある。

もう１つの考え方は、横軸に時間ではなく根軸の基部から先端までの長さを取る解析である。根軸に沿った直径や組織系の大きさの推移をみたグラフを思い出してほしい。

横軸に根軸を取ることも時間軸を導入して考えることに変わりはないが、メモリが物理時間を取った場合のように比例的ではないことに注意しておきたい。

すでにみたように、一般に根軸に沿って直径は徐々に細くなり、太くなることはほとんどない。根に限らないが器官や組織が大きくなる場合、構成する細胞の数が増えることと、細胞が大きくなることとの両者が関係する。

ただし、細胞の大きさには通常限界があり、器官や組織の大きさは細胞数や細胞層数の増大が大きく貢献している場合が多い。

根の場合、将来的に内皮となる部分における並層分裂の頻度が直径形成に大きな役割を果たしている。こ

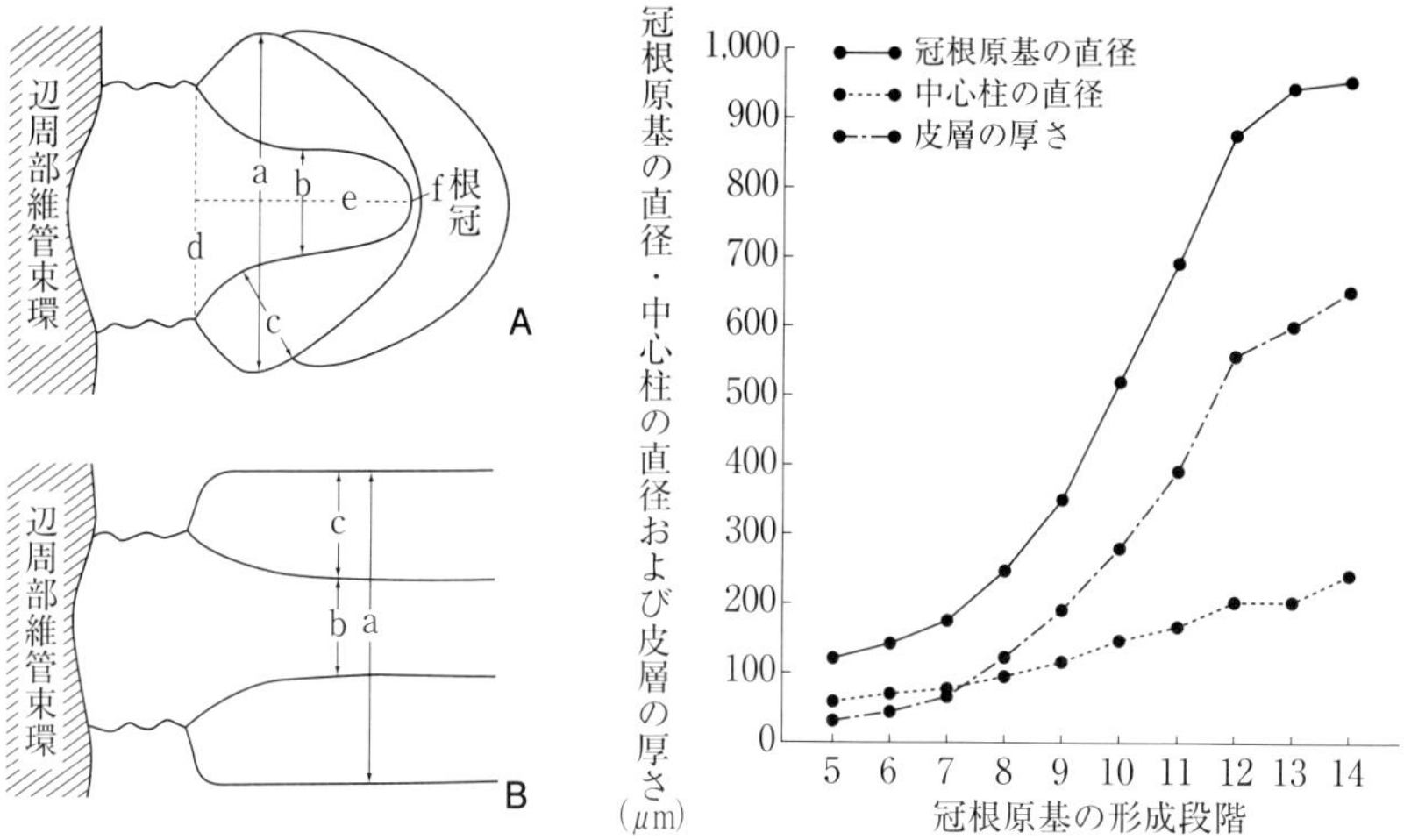

図6-3　冠根原基の直径の形成（川田・原田 1977を一部改変）

左　冠根原基の測定部位の模式図、A：冠根原基、B：出根後の冠根基部、a：冠根原基の直径、b：中心柱の直径、c：皮層の厚さと細胞層数、d：皮層基部を結ぶ線、e：根軸、f：中心柱の先端
右　冠根原基の直径、中心柱の直径、皮層の厚さの推移

の並層分裂の頻度が変化しないことは根の直径を維持することに貢献しており、必ずしも根の直径の増大を担っているわけではない。

内皮になる部分では並層分裂だけではなく横分裂が起こる。これらの並層分裂と横分裂のバランスが皮層細胞層を決定することを通じて根の直径を決定しているが、このことはあまり理解されていない。

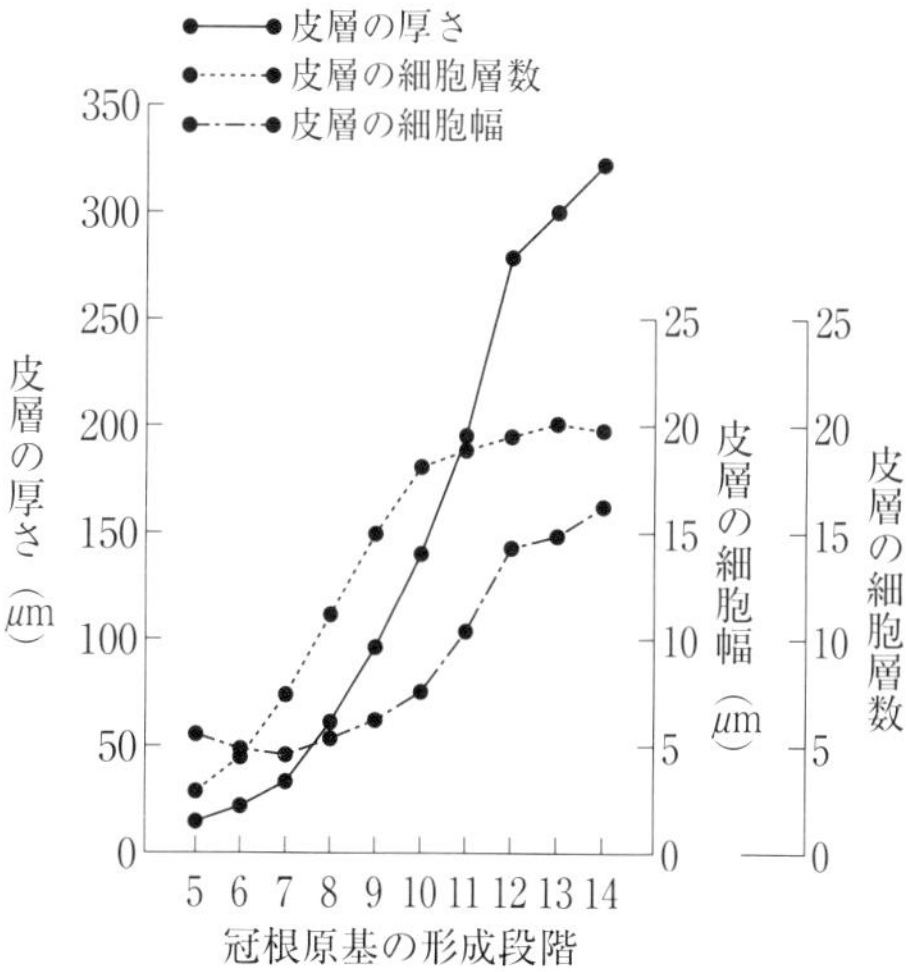

図6-4　冠根原基の皮層の形成
（川田・原田 1977を一部改変）

3．冠根直径の形成

以上のように、根端を中心に冠根の形態をみると、根の量的な側面を規定する数や長さだけでなく、根の直径が重要な形質であることが分かる。根の直径は、伸長方向との関係を通じて根系分布に関わるとともに、根の表面積や体積という量的な側面にリンクしている。そこで、根の直径がどのように形成されるかについてみてみよう。

冠根原基の形成に伴って、いくつかの生育段階が認められることが分かる（川田・原田　1977）。冠根原基の直径は、第8段階から第12段階までに大部分が形成されることが分かる（図6-3、図6-4）。

冠根原基の直径の増大は中心柱の直径の増大と、皮層の厚さの増大の両者に基づいている。第8～12段階における直径の急激な増大は、主に皮層の厚さの増大によるものである（図6-3）。

皮層の厚さの急激な増大は、皮層細胞層数×皮層細胞幅で決まると考えられる。第8段階から第10段階までは皮層細胞層数の増加、第10段階から第12段階までは皮層細胞幅の増加と、それぞれ密接な関係をもっている。

ファイトマーでは基部側から下位根が、また先端側から上位根が出現し（川田ら　1978c）、それぞれの直径は下位根＞上位根である。この直径の違いは第8段階から第10段階における直径増加が下位根＞上位根であり、それは皮層細胞層数の増加程度の違いに基づくものである。

冠根原基の直径は、茎から出現する頃にピークに達して、ほぼ一定となる。その後の伸長過程で、根の直

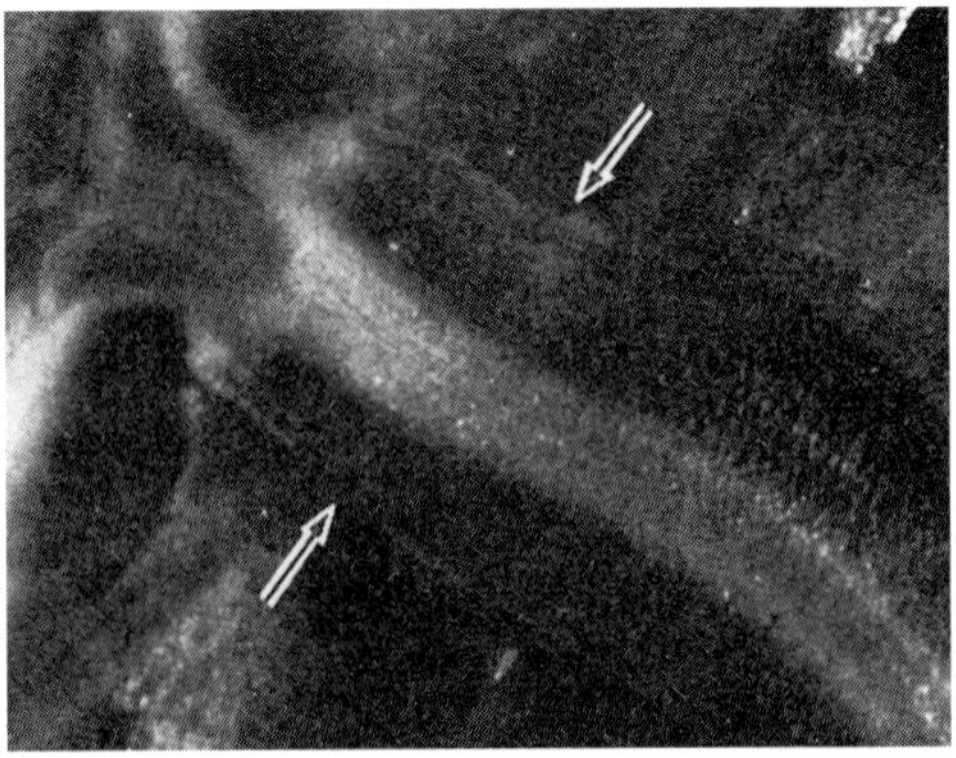

図6-5　茎から出現した部分における冠根直径の推移（川田・松井 1978）

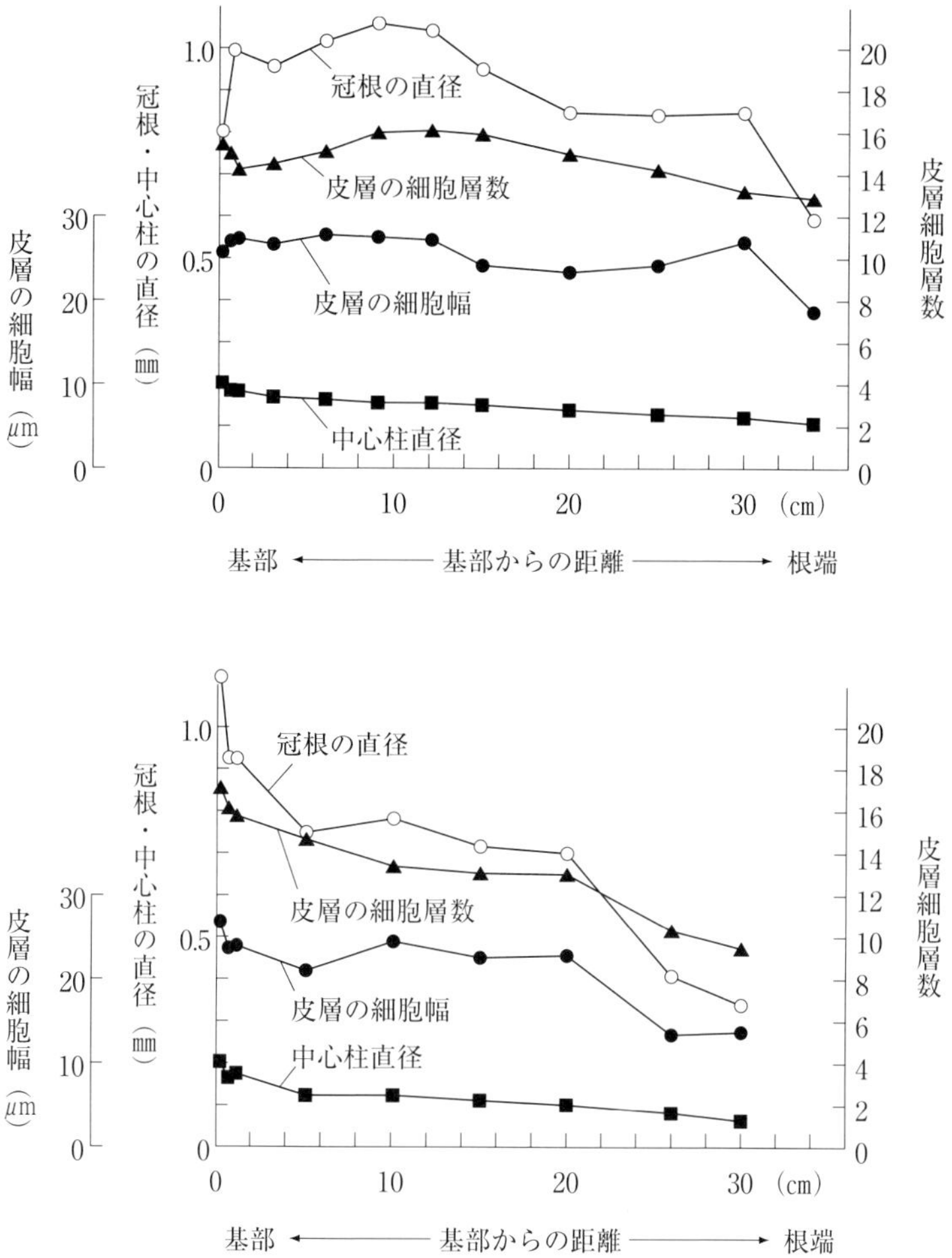

図6-6　根軸に沿った各組織の推移例（川田・松井 1978）

上：冠根基部で直径が増加した例、下：冠根基部で直径が減少した例径は一般に減少していく。その際、内皮につながる皮層細胞層部分で垂層分裂が起こると皮層細胞層数が減少し、並層分裂が起こると皮層細胞層数の減少が補償されて一定に維持することになる（川田・松井 1977）。

冠根原基の直径は茎から出現した後1～1・5㎝の部分でほぼ決まり（図6-5）、その後の推移にはいくつかのパターンが認められる（図6-6）。

例えば、冠根の基部直径が増加する場合は皮層細胞層数に変化はなく、伸長帯に続く分裂帯において皮層細胞幅が増加する。一方、冠根の基部直径が減少する場合には皮層細胞幅の増加が減り、根端における並層分裂が頻繁に起こる。

4. 側根直径の形成

側根の直径についてみると、同じL型側根あるいはS型側根であっても、それぞれ直径に大小が認められる。そこで、L型側根およびS型側根のそれぞれのカテゴリーのなかで直径の異なる側根の形態を比較した結果、以下のことが明らかとなった（佐々木ら 1981）。

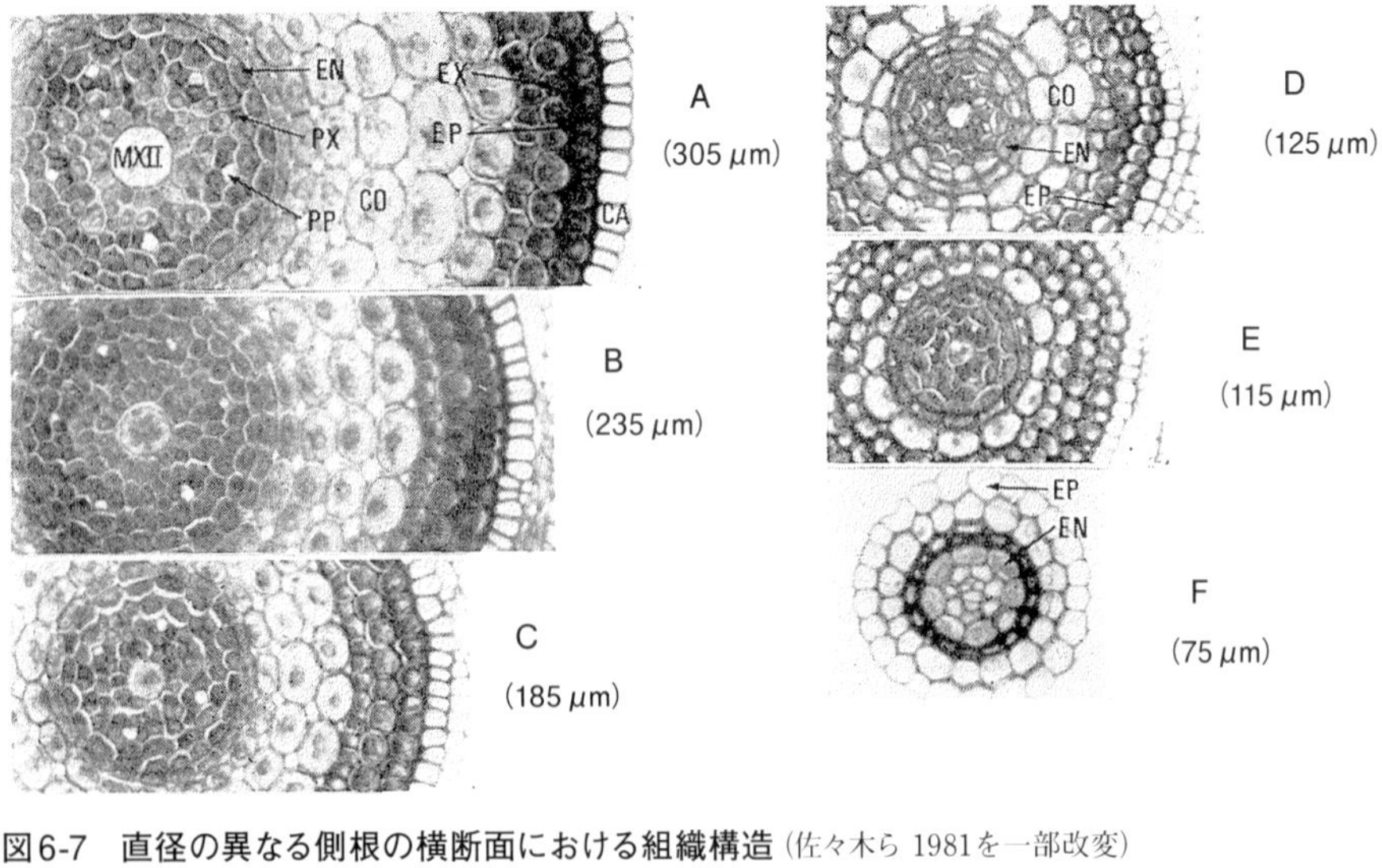

図6-7　直径の異なる側根の横断面における組織構造（佐々木ら 1981を一部改変）
A～E：L型側根、F：S型側根

すなわち、①側根の直径には大きな変異があるが、表皮や外皮の厚さは側根の直径に関係なく、ほぼ同じである。②側根の皮層の厚さには大きな変異がある。この変異は皮層の細胞層数と放射方向の細胞幅との両者による。③側根の直径に対応して中心柱の直径も変動するが、変動幅は皮層に比べて中心柱の方が小さい。④極数は側根の直径に対応して異なり、S型側根では２原型である。篩管数も原則として同じような動きを示すが、S型側根では原生篩部師管が明確に確認されていない。⑤L型側根には１本の後生木部導管Ⅱがあり、その直径は根や中心柱の直径に対応して異なる。一方、S型側根には後生木部導管Ⅱがない。したがって、後生木部導管Ⅱが形成されるのがL型側根、形成されないのがS型側根ということになる。⑥L型側根でも根端が細く、S型側根と同様の組織構造を示す部分には後生木部導管Ⅱは形成されない（図６-７）。

以上のように、側根も直径の大小に対応して組織構造に差が認められる。側根は非常に細い冠根と考えると、組織形成学的に統一して理解できるかもしれない。

例えば、冠根の直径と維管束数との間には有意な正の相関関係が認められたことから、両者の間に得られた回帰直線を外挿してみると、側根の直径の維管束数との関係とほぼ一致していた（川田ら １９７９ｂ）。このことは、根の組織構造は、直径と連動していることを示唆している。また、根としての構造を維持するためには最小の組織構造と直径があるのではないだろうか。

まとめ

根系を構成する個々の冠根や側根の直径には大きな変異があるが、根を構成している組織は直径との間に密接な相互関係が認められる。多くの形質の相互関係は複雑であるが、冠根と側根を通して直径と多くの形質とがリンクしている場合が多い。そして、根の直径が根の生育に伴ってどのように形成されていくかを解析することによって根のライフコースをたどることができる。このように、根の直径はすべての根の共通する重要な形質といえる。

第7章　栽培条件と根系

作物栽培において耕起・施肥・水管理は重要な管理作業であり、土壌を介して根系に大きな影響を与えている。したがって、収量形成に対する根系の役割を考察するためには、栽培管理が根系形態にどのような影響を与えるかについてみておく必要がある。

すなわち、どのような栽培管理作業を行なえばどういう根系ができ、収量が改善されるかということである。これは、本書の最後にあげる「根のデザイン」という考え方につながる。

川田は『写真図説　イネの根』のなかで、このような観点から多くのページを割いて研究事例を紹介している（川田　1982b）。これがこれまでの最も体系的な整理であるので、本章では川田の仕事を再整理しておきたい。

1．窒素施肥と根系形成

窒素施肥が収量形成に大きな影響を与えることは周知のところである。そこでまず、窒素の施肥量や施用法が根系の形態にどのような影響を与えるかについてみてみよう。

10a当たりの成分量で0、8、16、24kgの窒素を全層施肥して常時湛水状態で栽培したイネについて、出穂期の根系を方形モノリス法で調査した。

その結果、窒素施肥量が少ないと根系が大型化し、反対に多いと小型化することが明らかとなった（図7−1、川田ら　1977a）。

次に、同じ総量の窒素肥料を追肥で与えると根系形態がどうなるか検討した。10a当たり成分量8kgの窒素を表7−1のように異なる時期に施用して栽培したイネについて、成熟期に方形モノリス法を用いて根系調査を行なった。

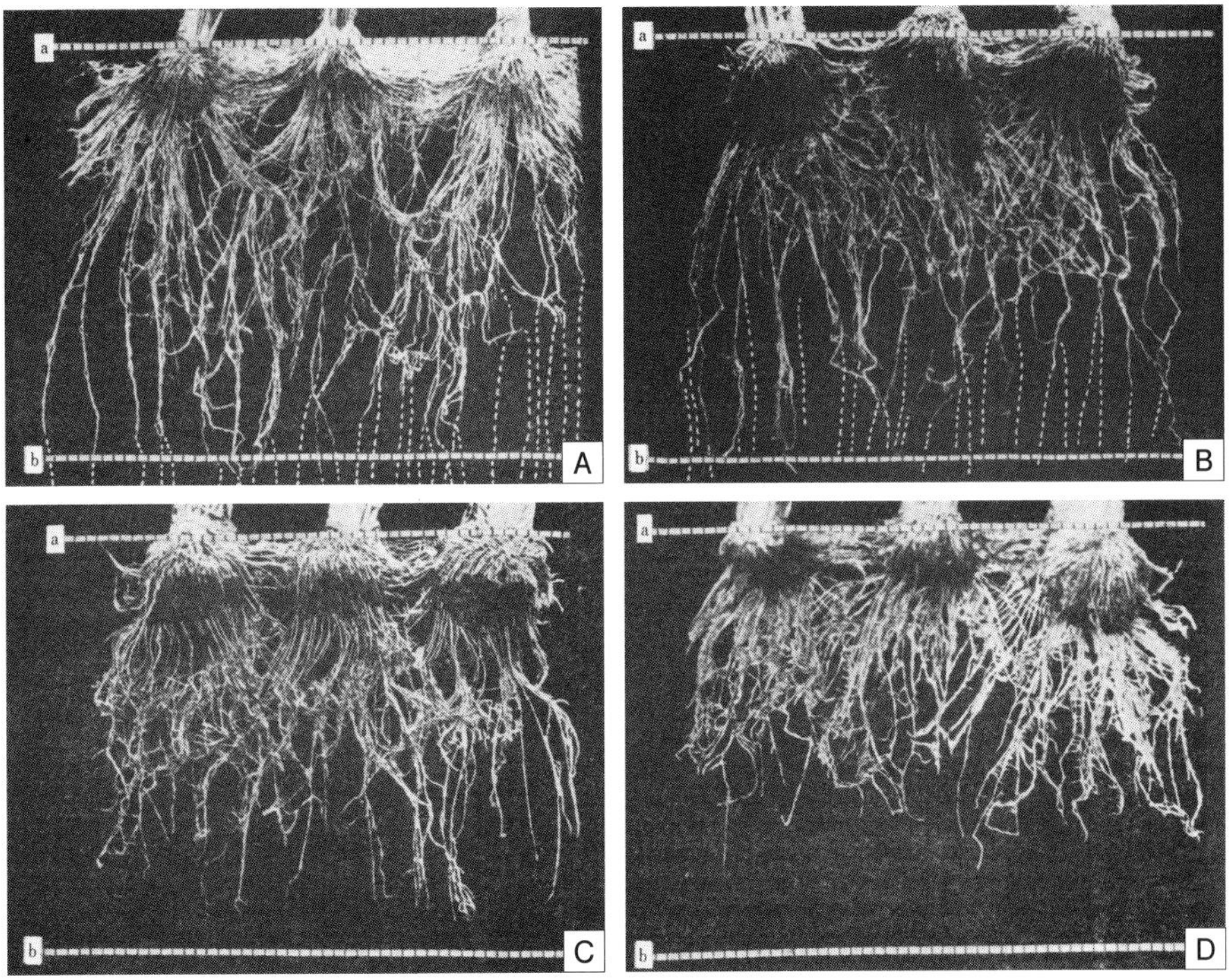

図7-1　窒素施肥量の違いが水稲根系の形態におよぼす影響（川田ら 1977a）
A：窒素無施用区、B：8kg 施用区、C：16kg 施用区、D：24kg 施用区
a：土壌表面、b：深さ 50㎝、破線は調査過程で切断されたために写真撮影できなかった冠根部分

表7-1　窒素施肥法（川田ら 1977b）

処理区名	窒素施用量（N kg/10a）	追肥時期と量				
		移植期	最高分げつ期	幼穂形成期	穂ばらみ期	出穂期
窒素元肥区	8	8	0	0	0	0
1回追肥区	8	4	0	4	0	0
2回追肥区	8	4	0	2	0	2
4回追肥区	8	4	1	1	1	1

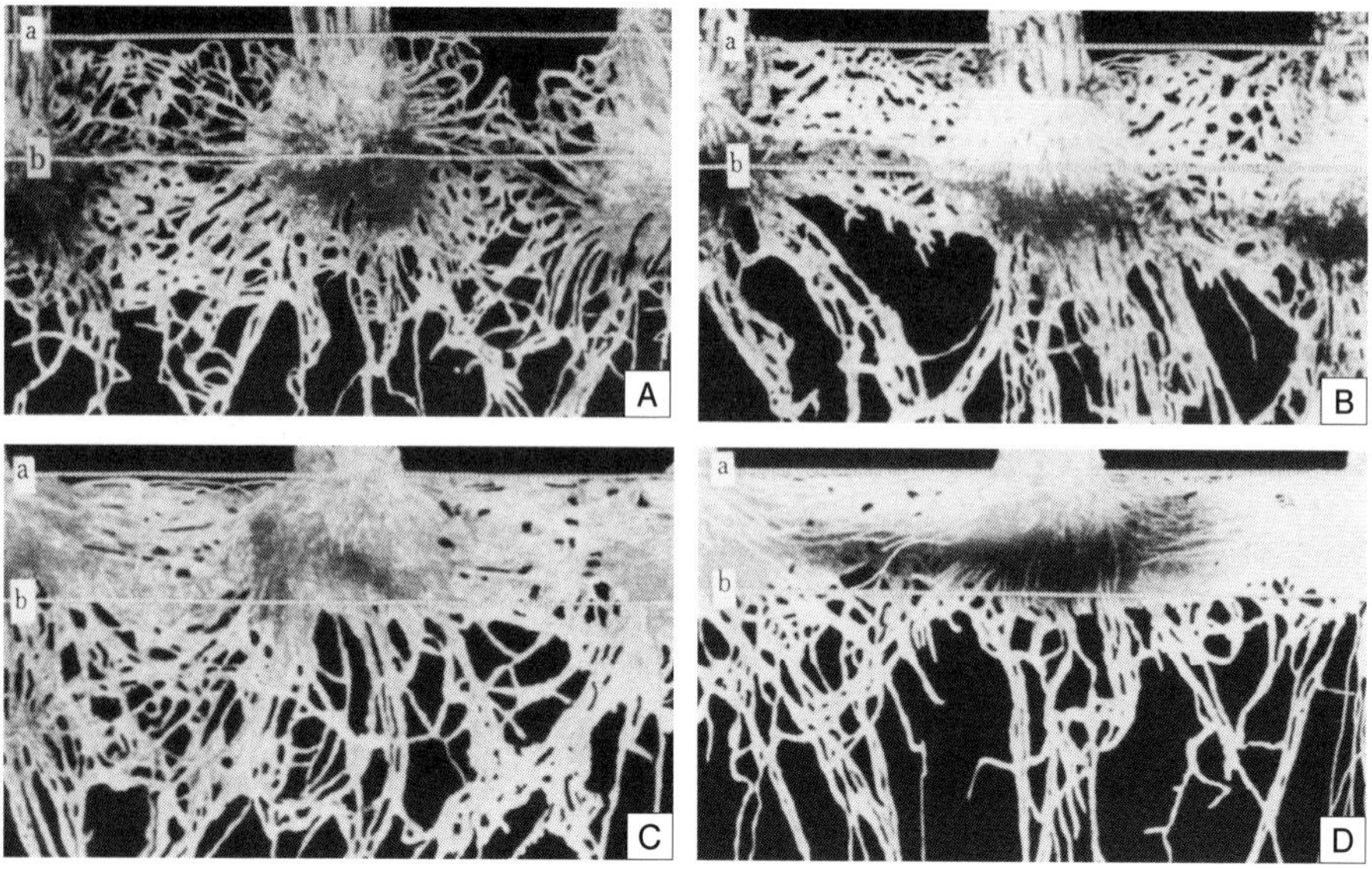

図7-2　窒素の追肥回数が水稲根系の形態におよぼす影響（川田ら 1977b）
A：窒素元肥区、B：1 回追肥区、C：2 回追肥区、D：4 回追肥区
a：土壌表面、b：深さ 5㎝

その結果、土壌表面から深さ5㎝以下では根の分布に大きな違いはなかったが、土壌表層5㎝までに分布するうわ根の様相には著しい差異が認められた。

すなわち、窒素総量は同じでもそれを追肥する回数を増やすと、うわ根の発達が著しく促進され、冠根数が多く、側根形成も発達した（図7-2、川田ら 1977b）。このような根系の反応は、以下で検討する堆肥施用の効果に似ていた。

ただし、堆肥施用の場合は作土全体に根が均等に分布したのに対し、追肥回数を増やした場合は作土全体ではなく、土壌表層のみに密集していた。

また、多くの窒素肥料を追肥するといじけ根が増えた。すなわち、追肥を行なうと1株当たりの総冠根数が多くなるとともに、いじけ根の出現率が高くなった。

2. 堆肥施用と根系形成

窒素肥料に関連して堆肥施用の影響につい

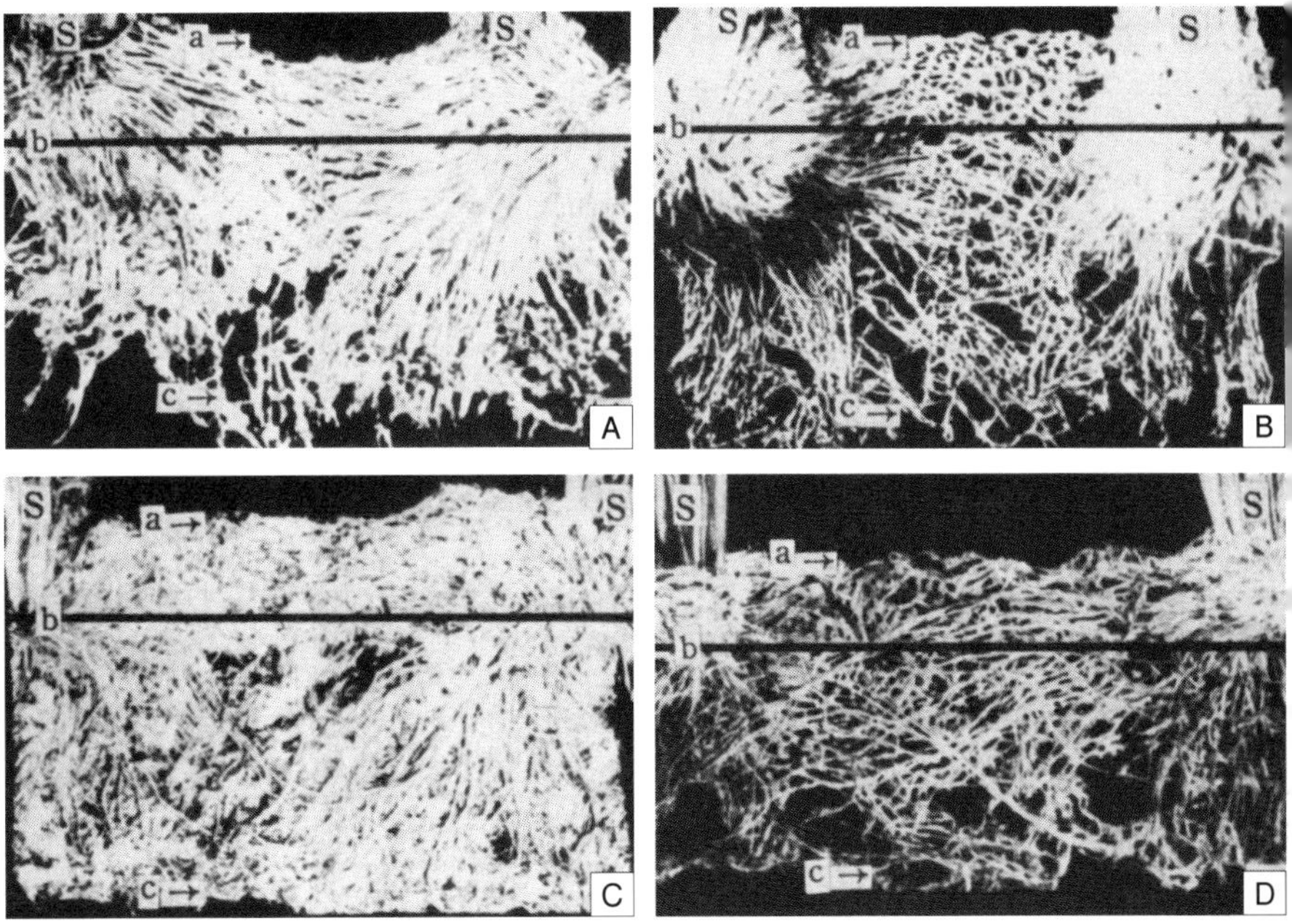

図7-3　堆肥無施用水田と堆肥連用水田における水稲根系の比較（川田・副島 1976）

A：福島農業試験場の堆肥連用水田、B：同無堆肥水田、C：青森農業試験場の堆肥連用水田、D：同無堆肥水田、S：稲株、a：土壌表面、b：深さ5㎝、c：犂床

てみておこう。長い稲作の歴史のなかで堆肥施用は多収技術の1つとして利用されてきた。

　川田は、福島県農業試験場および青森県農業試験場において数十年にわたって堆肥を施用してきた水田と、施用してこなかった水田とを利用して、根系形成におよぼす堆肥施用の影響について検討した（図7−3、川田・副島1976）。

　いずれの試験場の場合も、堆肥無施用水田に比較して堆肥連用水田で数多くの冠根が作土全体にわたって密に分布しており、とくにうわ根の形成が著しいという特徴が認められた（図7−3）。

　また、堆肥無施用水田より堆肥連用水田のほうが、側根の形成が著しかった。すなわち高次の側根が形成され、側根の長さも長かった。なお、堆肥無施用水田に比べて堆肥連用水田でししの尾状根の出現率が著しく低かったことも特徴である。

　以上の根系調査の結果は、本書の第10章で水稲根系のあるべき姿を考察する際に示唆するところが大きい。すなわち、堆肥問題の一部は窒素施肥の問題として理解できる可能性があるとともに、一方で窒素施肥の問題だけに置き換えることができない可能性もある。

３．土壌条件と根系形成

川田は『写真図説 イネの根』のなかで「一言にしていえば、10アール当たりの米の収量を、より高めてゆくためには、まず湿田を乾田にしなければならぬということである。（中略）しかも、排水による湿田の乾田化の問題は、単に10アール当たりの米の収量を上げてゆく第一歩の問題だけではない。（中略）裏作を含めての、水田の高度利用にかかわる問題であり、さらに田畑輪換を円滑に行なえるかどうか、という問題にもかかわることである。」としている（川田 1982）。

そこで、湿田の乾田化に伴う根系形態の変化をみてみよう。まず湿田では1株当たりの冠根数はそれほど多くない。冠根の数は少ないが、土壌中の各方向に伸長している。

湿田を乾田化すると心土へ伸長する冠根の数は少なくなり、ほとんどの冠根は作土中に伸長する。乾田化が進み心土に構造が形成されるようになると、多数の冠根が心土に伸長分布するようになる（図７-４）。そして、この順序に収量も増えていくことが分かった（川田ら 1977c）。

従来から、多収栽培技術の１つとして深耕が注目され、収量を上げるために推奨されてきた。「反収を一石（150kg）増やそうと思えば、さらに一寸（3・3cm）深く耕す必要がある（耕土一寸、米一石）」といわれてきた。

心土に構造が発達した乾田では、直下層に伸長する冠根の数や割合が大きいことはすでに解説した。この直下層に伸びる冠根が稔実に貢献しているのではないかということは第10章で取り上げるが、深耕が収量増加に影響しているとすれば、株の中心から犂床までの深さによって冠根の伸長方向が変化することと関係しているかもしれない。

４．水管理と根系形成

さて、水管理は根系形成にどのような影響を与えるであろうか。異なる水管理を行なって栽培したイネの根系形態を比較すると、とくにうわ根の形成の様相が

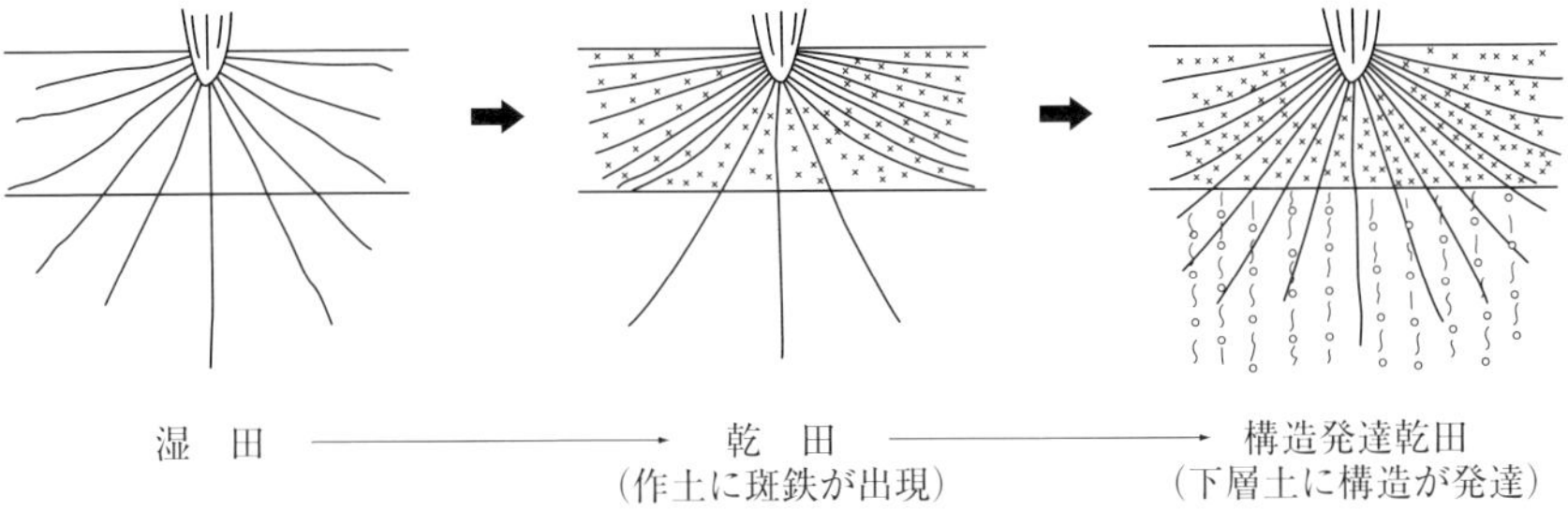

図7-4　湿田の乾田化に伴う根系形態の変化を示す模式図（川田ら 1977）

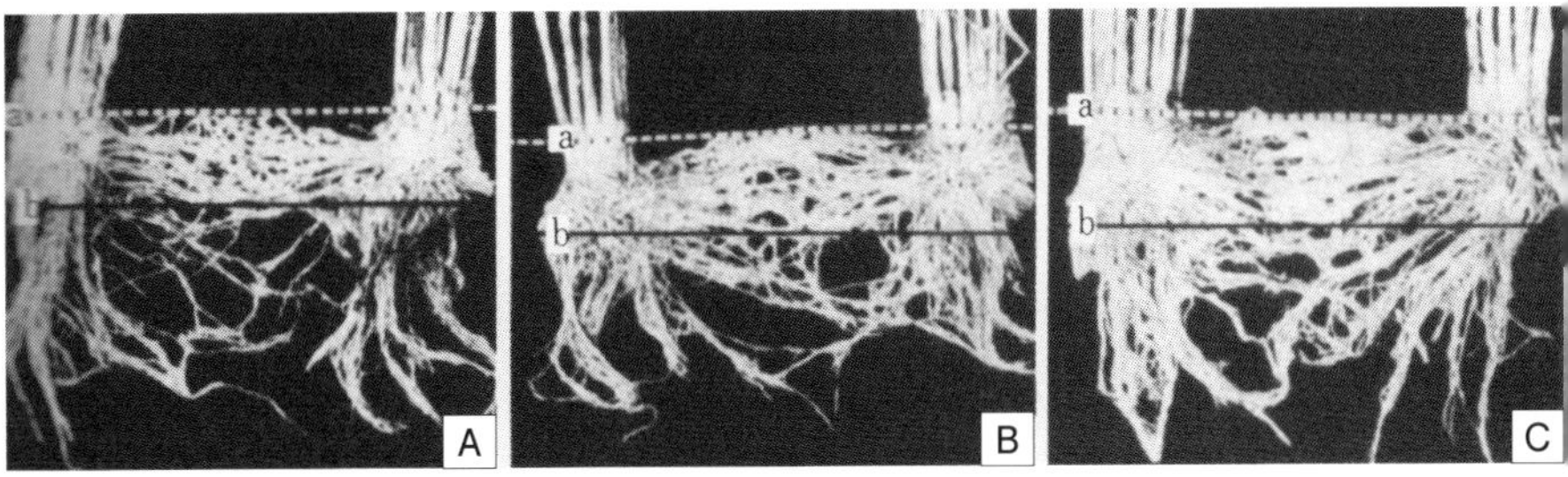

図7-5　異なる水管理が根系形態におよぼす影響（川田・副島 1977）
A：常時湛水区、B：中干し区、C：間断灌漑区
a：土壌表面、b：深さ5㎝

著しく異なる。

一言でいえば、常時湛水区より中干し区の方が、また、中干し区より間断灌漑区の方がうわ根の形成が著しい（図7–5）。その場合、冠根を上位根と下位根とに分けてみると、下位根の増加の方が著しかった（川田・副島 1977）。

一方、側根は、常時湛水区より中干し区の方が、また中干し区より間断灌漑区の方が、数が多く長さも長かった。また、常時湛水区より中干し区の方が、また中干し区より間断灌漑区の方が、L型側根の形成密度が高く、より高次の側根が形成された（図7–6 川田・副島 1977）。

このほか、いじけ根やししの尾状根の様相にも特徴が認められた。

ししの尾状根の根端の形態は様々であるが、いずれも異常なものであり（図7–7）、根端分裂組織が破壊され、その近くからL型側根が数多く出現していることは、茎葉部の頂芽優性に似た現象といえるかもしれない。

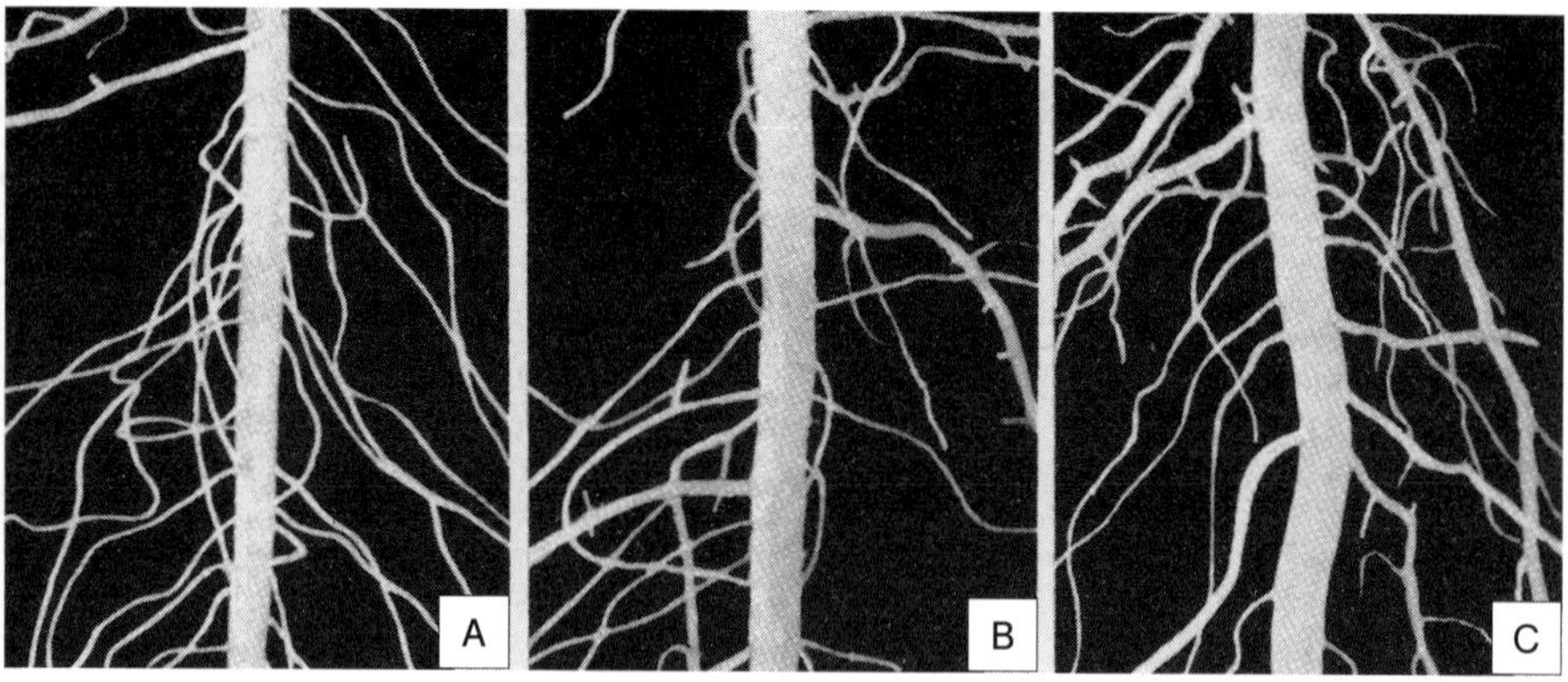

図7-6　異なる水管理が"うわ根"の側根形成におよぼす影響（川田・副島 1977を一部改変）
A：常時湛水区、B：中干し区、C：間断灌漑区

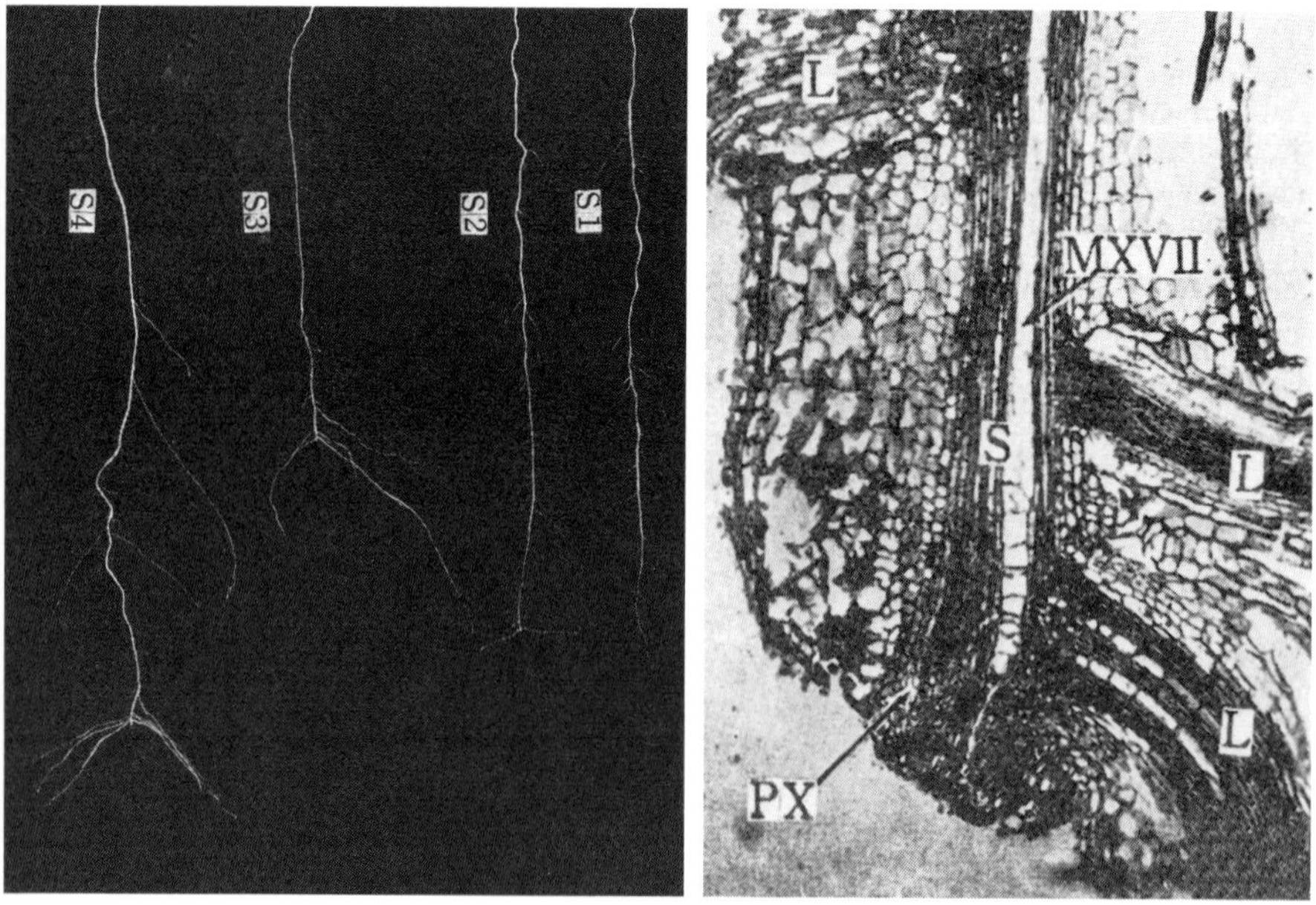

図7-7　"ししの尾状根"とその根端構造の一例（左：川田・副島 1969、右：川田ら 1977dをもとに一部改変）
左　S1：伸長根、S2～S4："ししの尾状根"
右　S：中心柱、MXVII：後生木部導管Ⅱ、PX：原生木部導管、L：L型側根

ししの尾状根は生育後期に形成されるという特徴があり、常時湛水区で多く、中干し区・間断灌漑区や、堆肥連用区で少ないことが経験的に知られている。

以上、水管理が根系の形態に与える影響をみてきたが、透水の影響について補足しておく。すなわち、1日2～3㎝の透水があると、ししの尾状根が減るだけでなく、同じく好ましくない根と考えられているいじけ根も著しく減ることが確認されている。また、透水があると根毛形成が促進されて、寿命も延びることが分かった（川田・石原 1962）。

つまり、水管理を適切に行なえば根系形成を抑制する土壌中の有害物質が除去されて、根系形成が促進されると考えられる。

5．栽培条件と根の色

栽培条件・土壌条件によって根の形に影響が現われるだけでなく、根の色にも変化が認められる。緒論で引用した川田の考えと重複するが、水田の土壌条件や水条件と根の色との関係について簡単に整理しておきたい（森田・阿部 1997）。

イネの根を引っこ抜いて、まず目に入るのはその色である。白い根、赤い根、黒い根など様々なものがある。葉色から個葉の光合成速度が推定できるが、根の色も生理状態をある程度反映していると考えられる。

新しい根は白いが、生育に伴って赤褐色に変化していく。これは、地上部から根に送られた酸素に由来する過酸化水素が根から放出されて土壌中の有害な二価鉄を酸化したため、根の表面に酸化鉄の被膜ができたからである。

したがって、ある程度赤みがかることは、根の酸化力が強く、根の活力が高いことを意味している（長井ら 1959a、1959b、1961）。

また、根腐れが起こると黒い根が認められる。土壌の還元に伴って生じた硫化水素によって根の表面に硫化鉄が生じたものである。このような黒い根の活力は低いことが分かっている。

まとめ

本章では、川田の研究成果に基づいて土壌条件や栽培管理が根系形成にどのような影響を与えるかについてみてきた。

例外もあろうが、窒素施肥量が多かったり追肥回数が多かったりすると根域が狭くなり、うわ根が発達する。これは一見、堆肥施用の効果と似ているが、詳細にみると堆肥の施用効果は窒素だけで代替できるものではなさそうである。また、耕土深や乾田化、透水を伴う水管理によって根系形態が大きな影響を受けることも確認できた。

以上のことから、収量形成を安定的に改善していくためには、稲体の栄養状態がいいことも重要であるが、根をとりまく土壌環境や栽培環境を整えることも必要である。

第2部

根の活力

第8章　水稲根系の活力

水稲根系に関する研究について、まず根系およびこれを構成する冠根と側根の形態・形成・生育について従来の知見を整理してきた。それが一区切りついたので、次に根系や個根の機能について検討する。

最終的には根系の機能を測定して評価することが必要であるが、これをフィールドで行なうことは容易ではない。そこで著者は、茎葉部を切除すると切り口から水液が出る出液現象に着目して現場で比較的容易に根系の生理的活性（根の活力）を測定・評価することにした。

すなわち、環境条件や栽培方法が出液速度（根の活力）におよぼす影響を検討し、出液速度＝根量×根の活力と考えて考察を進めた。

1．出液現象と根の活力

前章まで、水稲の根系とこれを構成する冠根と側根について形態学的な側面から解説してきた。ただし、根系研究の最終目標は根系の形態と機能との関係を明らかにしたうえで、収量・品質を安定的に向上させることである。したがって、根系機能（根の活力）の検討が必要となる。

そこで、フィールドにおける根系機能、とくに養水分の吸収機能や生理的活性を把握すること、それを根系の形態と関係づけて考察して評価することに挑戦しようと考えた。

著者は、東京大学農学部助手のときに、山形県庄内地方（酒田市）での根系調査に参加したことがある。午前中の根系調査が終わり、農家の庭先でお昼の弁当を食べながら聞き取りをしていたときのことである。「よく穫れるイネは朝、葉先につく水滴が大きい」という話を篤農家から聞いた。この水滴は朝露ではなく、実は葉先や葉縁にある水孔という穴から押し出された水である（図８-１）。

植物の吸水メカニズムに蒸散が駆動力となる受動的吸水と、エネルギーを必要とする能動的吸水の２つがあることはすでに解説した。夜間には気孔が閉じて蒸散が止まり、受動的吸水はゼロとなる。

しかし、能動的吸水は夜間も続くため、日中に植物体から失われた水が補給されて水ストレスが解消され、それ以上に吸収された水は葉の水孔から排出される。これは排水と呼ばれる現象である。

したがって、排水現象の結果として生じる水滴の大小は、排水能力の高い低い、すなわち根の生理的活性の指標となると考えられる。そのため、古くから水稲の排水現象に着目した研究が行なわれてきた。

図8-1　イネの葉先や葉縁についた水滴（塩津文隆原図）

また、排水現象と同様に能動的吸水に基づく生理現象として出液現象がある。これは、茎葉部を切り取ると切り口から水液が出る現象で、ヘチマの水取りが昔から知られている。

出液現象を利用すれば、排水現象より容易かつ正確にフィールドにおける根系の生理的活性を測定と評価ができると考えた。

根の生理的活性を測定することの背景には、養水分吸収に必要なエネルギーが呼吸に由来することがある。イネのように根の酸化力が指標となる場合は、α-ナフチルアミン呈色反応法を利用してパーオキシダーゼ活性を、また還元力が重要な畑作物では、ＴＴＣ（トリフェラニルテトラゾリウムクロライド）呈色法を利用してコハク酸脱水素酵素活性を測定してきた（農業生物系特定産業技術機構　２００６）。

しかし、いずれの方法も根系を掘り出して測定するため、多くの時間と労力がかかる。また、破壊的に採取した根系の一部から、根系全体を推定するという問題がある。そのため、破壊的な影響があり、必ずしも精度が高いわけではない。

根系の出液速度を測定すれば、これらの課題をクリアーすることができる。すなわち、水田で生育調査を行なって調査株を選定し、カッターあるいはハサミで地上部を切り取り、切り口に予め重さを測ったワタ（化粧用のパフを利用するのが便利）をおき、料理用ラップで全体を包んで輪ゴムで留める（図8-2）。

1時間後、ラップで包んだままのワタを採取して、再度輪ゴムで留めビニル袋に入れる。それを速やかに実験室に持ち帰り、電子天秤で重さを測る。増加した分が株の根系全体の1時間当たりの能動的吸水量になる。

このように、能動的吸水に基づく出液速度の測定は比較的簡単に行なうことができ、複雑な実験装置や高価な試薬を必要としない。

また、地上部を切除する影響は念頭におかなければならないが、根系を掘り出さずにインタクトな状態で全体を取り扱うことができるという大きなメリットがある。

そこで、根系の機能を検討する指標として出液速度を利用することにして、測定条件を設定することを試みた。

まず、出液測定の時刻と時間を決めることにした。

図8-2　水田における出液速度の測定（森田茂紀原図）

水田で慣行栽培した同一株の出液速度を追跡したところ、茎葉部を切除した直後から徐々に減少し、最終的に低い値となった（図8-3上）。出液速度の低下は、茎葉部を切除した影響と考えられるので、地上部を切除して速やかに出液速度を測定することが望ましいと考えた。

そこで、出液速度の測定にあたっては毎回生育調査を行なって平均的な生育を示した数株を新たに選定して、茎葉部を切除してから1時間の出液速度を測定することにした。

その結果、水稲の出液速度の日変化はそれほど大きいものではなく、午前中にピークをもつ緩やかな日変化を示すことが分かった（図8-3下）。このような推移は、能動的吸水に基づく水分生理現象としても理解できるので、出液速度は午前中に測定することにした。

それでは、水稲の生育が進むにつれて出液速度はどのように変化していくのであろうか。農家水田で慣行栽培した水稲の生育を追って出液速度を追跡した。

その結果、株当たりの出液速度は田植え直後から茎葉部の生育に伴って少しずつ増加を始めた。そして、出穂期頃ピークに達した後、登熟期間中に急激に低下することが明らかとなった（図8-4、森田・阿部 2002）。

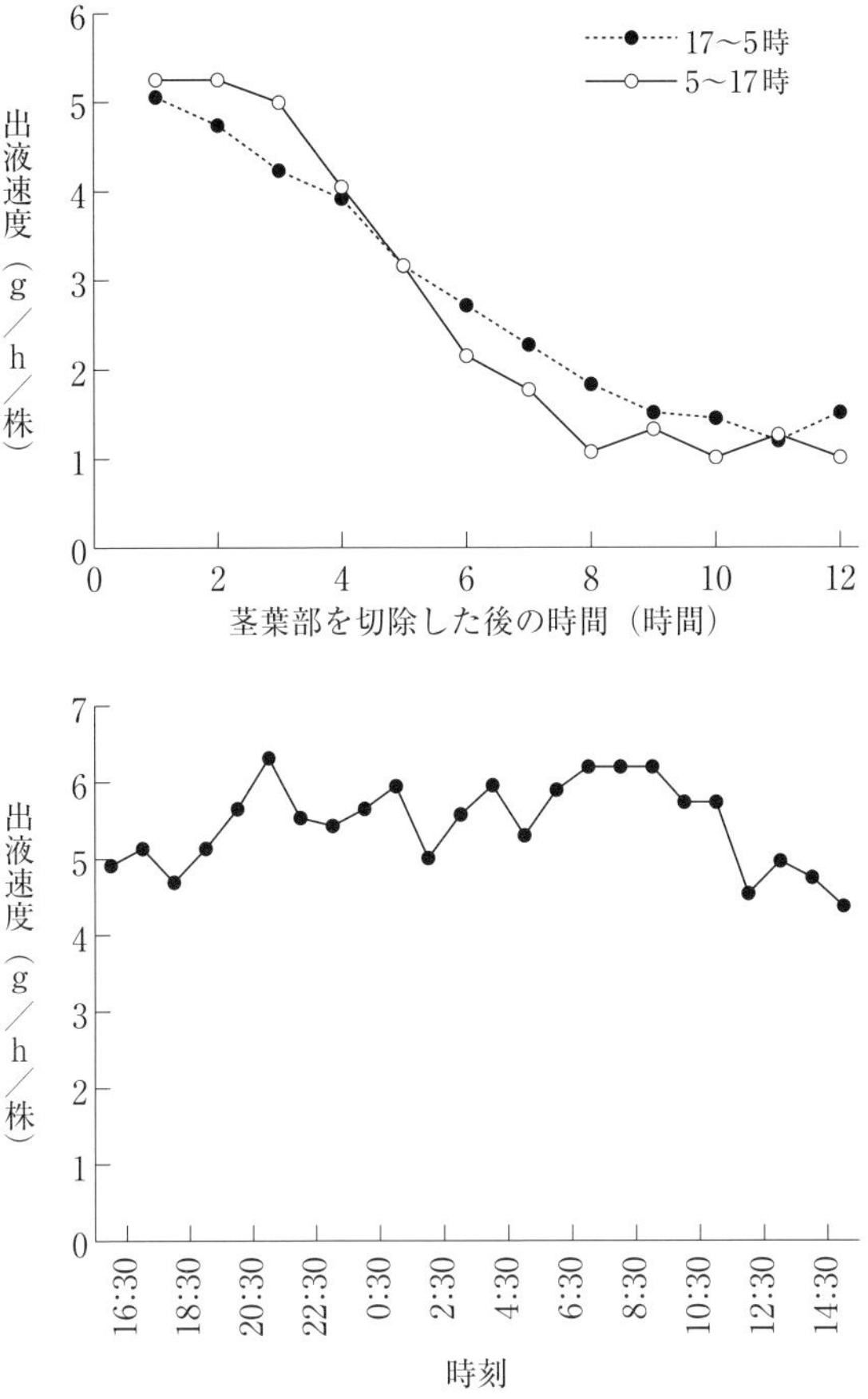

図8-3　水稲株の出液速度の時間的推移（上）と日変化（下）
（森田・阿部 2002）

ここで、「出液速度＝根量×根量当たりの生理的活性」と考え、根の生理的活性の評価を行なうことを検討した。

すなわち、根の出液速度（能動的吸水量）は、1つには根長によって規定され、根長が長いほど吸水量が多く、短いほど少ないと考えた。根の直径も加えて表面積を取り扱えばさらに精度が上がるかもしれないが、根長

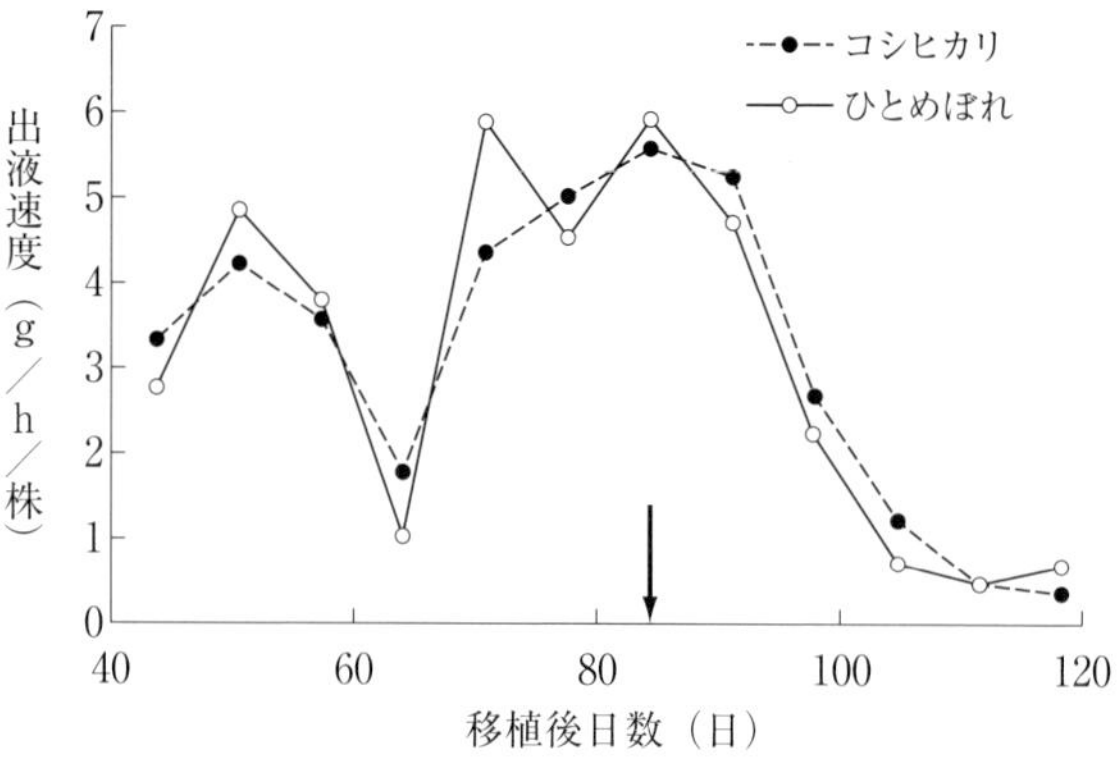

図8-4　生育に伴う株当たりの出液速度の推移（森田・阿部 2002）
↓：出穂期　出穂期の前の大きな谷部分は、中干し期間中で吸収できる水自体が少ない

で近似して考察を進めることにした。

　同じ長さの根であっても、エイジが異なれば出液速度も異なるのではないかと想定した。つまり、根の生理的活性は生育段階によって変化するだろうということである。

2. 根系形成と根の活力

　出液速度について以上のように仮定すると、出液速度を根量で割り、単位根量当たりの出液速度を算出すれば、根の生理的活性を考察できることになる（森田・阿部 ２００２）。

　ただし、時間や労力の制約から、毎回詳細な根系調査を実施することは現実的でないので、以下のような方法で根量の推移を把握して全体傾向を把握することにした。

　なお、根の生理的活性は「根の活力」と呼ぶこともある。この「根の活力」という用語を嫌う研究者もいるが、そう呼ぶにふさわしい根の力があると考える農業者は少なくない。著者自身もまた、そのように感じているので、本書では根の生理的活性を根の活力とする。

　水稲の体はファイトマーという形態的単位が積み重なってできており、順次、形成されるファイトマーの茎部分から冠根が出現する（Nemoto *et al.* 1995）ことは先に解説した。

　ファイトマーに着目して根系の形成を解析した結

果、同じ品種で栽培条件を変えた場合も（阿部ら 2000）、異なる品種を比較した場合も（森田ら 1997）、株全体のファイトマーの総数と冠根数との間には密接な線形関係が認められた（第2章）。これは、稲株を構成するファイトマーの数が分かれば、根系を構成する冠根数を推定できることを意味している。

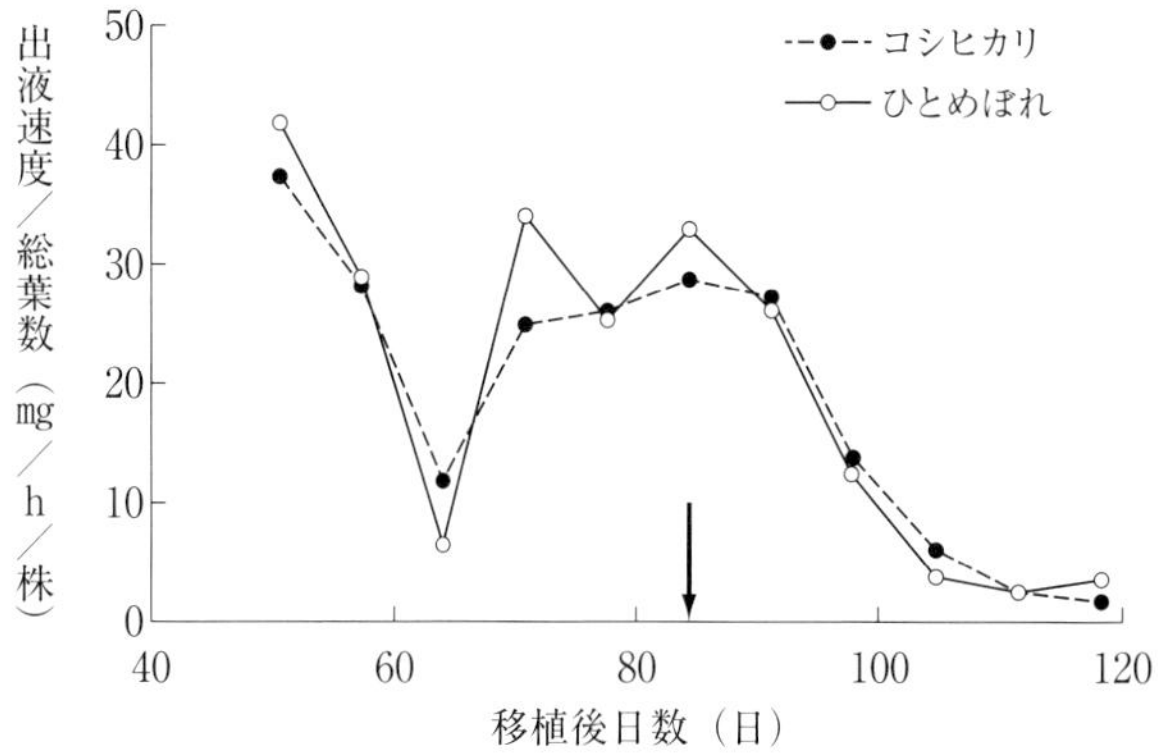

図8-5　生育に伴うファイトマー当たりの出液速度の推移
（森田・阿部 2002）
↓：出穂期　出穂期の前の大きな谷部分は、中干し期間中で吸収できる水自体が少ない

ファイトマーの定義から、稲株を構成するファイトマーの総数は、株全体の葉の総数（枯れあがった葉も含む）を数えればよい。

そこで、それぞれの生育時期における出液速度を、それまでに出現したすべての葉の数（＝ファイトマー総数）で割って、冠根1本当たり（側根を含めた冠根の長さは考慮していない）の出液速度の相対値を推定することにした。

以上のようにして推定した単位根量当たりの根の生理的活性は、株当たりの出液速度より早い時期から緩やかに減少しており、出穂期以降は株当たりの場合と同様、急速に減少した。

水稲冠根はファイトマーから出現して伸長し、側根を形成し、やがて枯死していく。この場合、側根を含む1本の冠根の生理的活性は、根の一生の比較的早い時期にピークに達した後、すぐに低下を始めると考えられる（図8-5）。

冠根の老化が早く進み1本当たりの出液速度が低下するにも関わらず、株の根系全体の出液速度は出穂期前後まで上昇していく。これは、根系を構成する冠根の数、1本ごとの直径、さらに側根の増加に伴ってエイジの若い部分を中心にした根系に入れ換わり、総根長が増加するためと考えられる。

出穂期前後に冠根の形成が終了するので、側根の形成と枯死は続くものの（Sakaigaichi *et al.* 2007）根系全体の老化が進むようになるため、根系全体の出液速度が急速に低下すると考えられる（図８-５ 森田・阿部 ２００２）。このことは、登熟期に根系全体の生理的活性が低下していくことを意味している。それでは、根の活力は収量形成にどのように関わっているであろうか。

３．環境条件と根の活力

収量形成を根の生理的活性（根の活力）との関係に着目して考察するために、環境条件がイネの出液速度におよぼす影響に関する従来の研究成果をみておこう。

水稲では品種に関係なく、地温が高いと茎当たりの出液速度（単位根量当たりの出液速度と考えてよい）が高い（大橋・静川 ２０００）。温度が10℃上がるのに伴って生理現象が何倍になるかを温度係数Q_{10}というが、出液現象の温度係数は２・２（図８-６）で、呼吸速度の場合とほぼ同じ値である（山口ら １９９５）。また、呼吸阻害剤を処理すると出液速度が低下

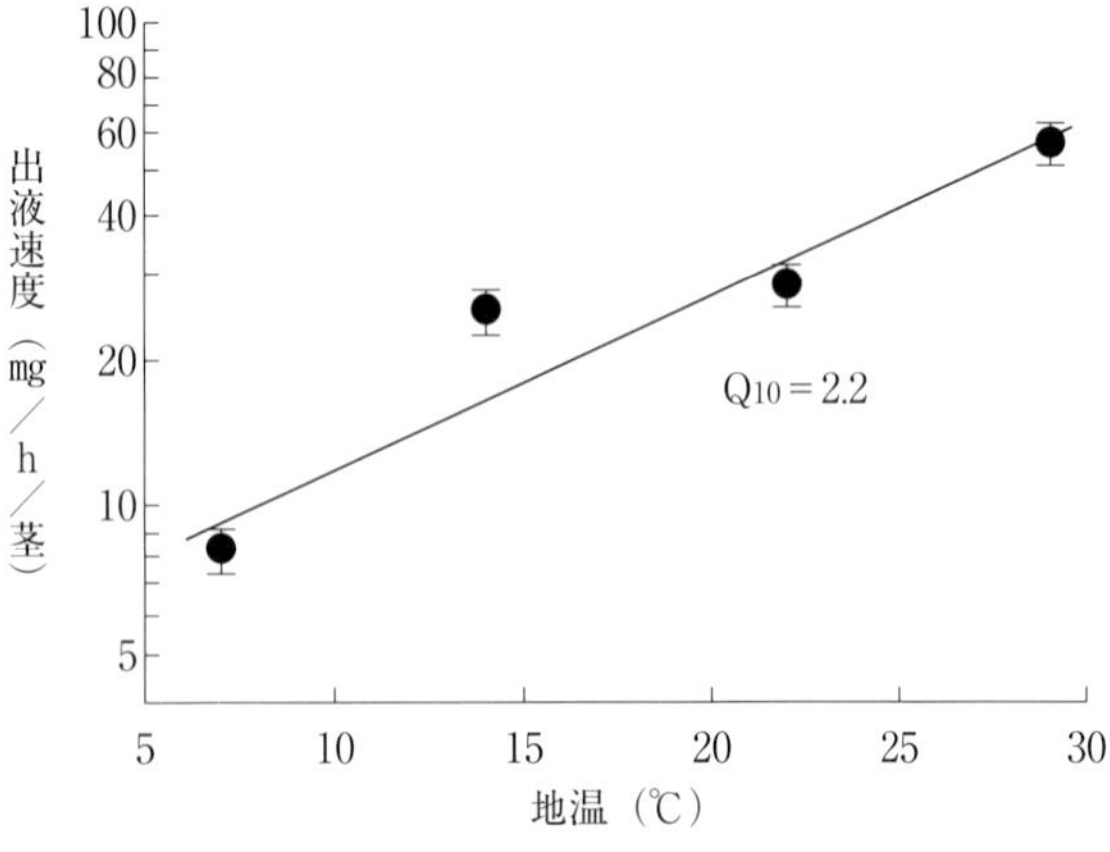

図8-6　イネの出液速度におよぼす地温の影響（山口ら1995）

する（平沢ら １９８３）。

これらの結果は、出液現象が呼吸を基盤とする生理現象であることと矛盾しない。実際、穂ばらみ期以降の根の呼吸速度と茎当たりの出液速度の間には、有意な正の相関関係が認められる（山口ら １９９５）。

このように従来の研究結果も、出液速度が呼吸速度とリンクしている可能性が高いことを示すものが多

い。すなわち、出液速度が根系の生理的活性を測定・評価するのに適していることを強く示唆している。

4．栽培方法と根の活力

収量形成における根系の生理的活性について考察する場合、栽培方法も重要なポイントとなる。そのため、水稲の栽培研究で出液速度を指標として根の生理的活性を検討する事例が増えている。いくつかの事例をみてみよう。

生育後期における根系の生理的活性は慣行区よりも乳苗区で高く、出穂後における下葉のＳＰＡＤ値の低下が慣行区より乳苗区でやや緩やかなことが分かっている。

ＳＰＡＤ値というのは、ミノルタのＳＰＡＤメータを利用して測定した葉の緑色の程度である。クロロフィル含量を測定しているので、個葉の光合成速度に比例している。

実際、生育後期における根の生理的活性と光合成速度が関連していることを示唆する報告もある（Jiang *et al.* 1994a, 1994b）。そのため、今後技術開発が進めば、乳苗移植栽培の収量レベルを上げられる可能性がある。

乳苗区の土壌表層に分布する根のかなりの部分は、うわ根（川田ら１９６３）と考えられる。うわ根は一般に側根がよく発達すること（川田・副島１９７４）や、側根の発達した冠根は出液速度が高いことが報告されている（山﨑・阿部１９８７）。

したがって、生育後期の乳苗区で根の生理的活性が比較的高いことは、うわ根の形成と密接に関連している可能性が高い（阿部・森田２００３、阿部ら２０

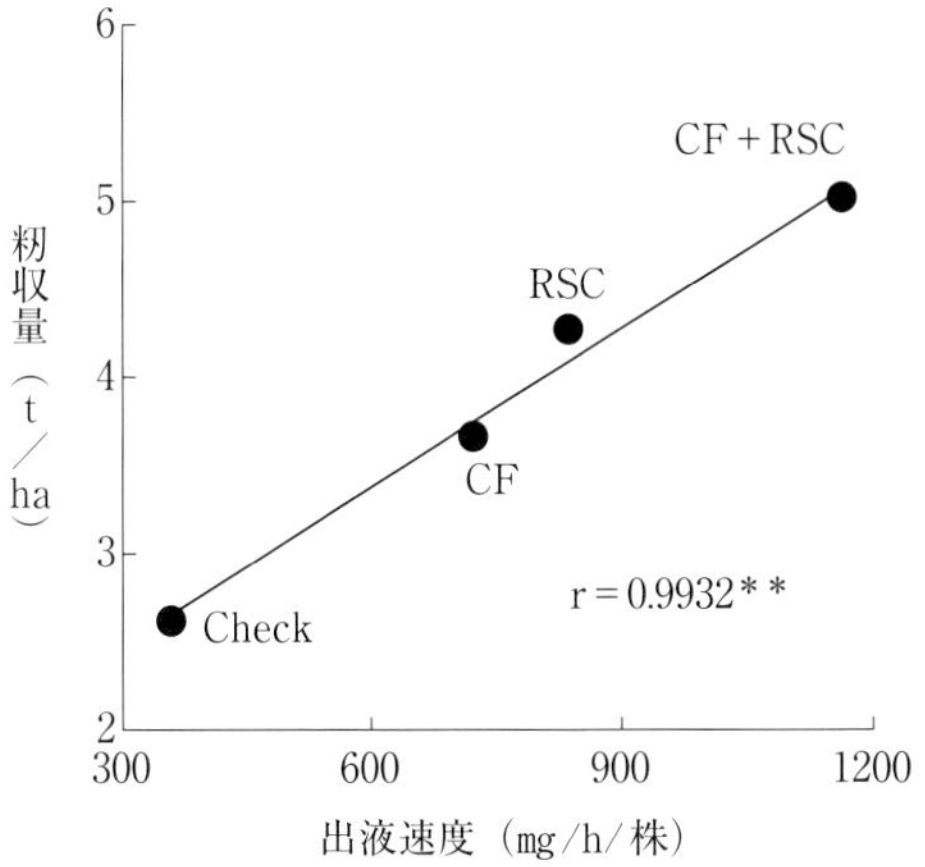

図8-7　タイにおける成熟期の水稲の出液速度と収量との関係 (Songmuang *et al.* 1997)

Check：無施肥区、CF：化学肥料区、RSC：稲わら堆肥区、CF+RSC：化学肥料＋稲わら堆肥区

表8-1　中国福建省武夷山地域における水稲品種汕優3の畝立栽培・慣行栽培における登熟期の出液速度（森田ら 1997b）

	出液速度（g/h/株）	出液速度（g/h/茎）	株周長（mm）	茎数（本）	茎直径（mm/本）
畝立栽培	4.0	0.22	172	17.9	9.6
慣行栽培	2.2	0.12	141	18.9	7.5

03）。

2例目は、耕起・代かきの影響である。不耕起・無代かき栽培した水稲の登熟期間中の出液量は、耕起・代かき栽培に比べて高く維持される。また、登熟期間中の出液量の減少程度は、不耕起・無代かき栽培の方が緩やかであった（本林ら 2004）。

無代かき栽培では代かき栽培より生育後期の出液速度が高く維持されることはほかにも報告がある（三原 2009）。ただし、出穂前後数日間の出液速度はむしろ無代かき栽培で大きく、根の生理的活性の高さが、単純に収量の高さに結びついているとは限らないようである。

出液速度の測定は海外における調査研究でも容易に可能なので、本章の最後に2例を紹介しておくことにする。1つはタイの水田で異なる施肥条件で栽培されたイネの出液速度を測定した例である。成熟期における出液速度と収量の間に密接な正の相関関係が認められた（図8-7、Songmuang *et al.* 1997）。

もう1つは中国での事例である。福建省の山間部に透水性が著しく悪い強湿田が広く分布しており、収量が低いレベルに留まっている。そこで福建省農業科学院稲麦研究所の李義珍が畝立栽培を考案した結果、1987年から栽培が広がり収量が著しく増加した（表8-1）。

現地調査を行なったところ、株当たりの出液速度も茎当たりの出液速度も慣行栽培に比較して、畝立栽培で著しく高い値を示した。畝立栽培では根系環境が改善されており、根系の生理的活性が高く維持されていることを示唆する結果といえる（森田ら 1997b）。

まとめ

本章では、出液現象を利用して根系の生理的活性について検討した。水稲株当たりの出液速度は田植え後徐々に上昇し、出穂期頃にピークを迎えた後、登熟期に急激に低下した。

出液速度＝根量×根の生理的活性（根の活力）として考察を進めたところ、根系を構成する個々の冠根や側根の生理的活性は比較的早く低下するものの、出穂期までは根量の増加に伴って上昇した後、登熟期間に根系全体の老化が進むと考えられた。

出液速度は呼吸を背景とした生理現象であると考えられ、環境条件や栽培方法に影響を受ける。したがって、収量形成における根系機能を考察するにあたり出液速度が手がかりになると考えられる。

第9章　出液の成分分析

第8章で取り上げた出液速度は、フィールドにおける根の生理的活性の指標となり、根系の形態や生育との関係を考察するのに大きく役立つ可能性がある。

さらに、出液成分を分析することで植物栄養学・植物生理学的な検討を進めることも可能となる。そこで、本章では出液速度に続いて、窒素に重点をおいた出液の成分分析に関する研究成果を整理して、収量形成における根系の役割を考察する。

1．窒素施肥と出液成分

前章では出液速度を指標にして根の生理的活性を測定した研究成果についてみたが、出液現象は出液速度を測定するだけではなく、得られた出液の成分を分析することで植物栄養学・植物生理学的な知見も得られる（桝田　１９８９、Masuda *et al.* 1990、桝田・島田　１９９３、Minshall 1964, 1968、森田・豊田　２０００）。

水田でコシヒカリを慣行栽培して出液を採取し、そのなかに含まれている窒素の濃度を測定したところ、午前中にピークを有する山型の推移を示した（Sakaigaichi *et al.* 2007）。

すなわち、出液中の窒素濃度は日の出とともに急激に上昇し、午前中に最高値に達した後、徐々に低くなり、日没とともに急激に低下した（図９-１）。一方、出液速度の日変化は比較的小さく、茎葉部への窒素転流速度（＝窒素濃度×出液速度）は出液中の窒素濃度とほぼ同じ変化を示した。

出液の成分分析でモニタリングした窒素吸収は、昼夜で違いが認められた（Sakaigaichi *et al.* 2007）。同様の結果はすでにポット栽培のイネで報告したが（境垣内ら　２００５）、水田でも確認できたということである。

茎葉部を切除したことによる影響もあるかもしれないが、ほかにも同じような報告（Delhon *et al.* 1995、森田・豊田　２０００）があり、イネでも窒素の吸収に光が大きな影響を与えていることが示唆された。

株当たりの窒素吸収量は生育に伴って増加し、出穂期頃に最高値を示した後、急激に減少した。株当たり総根長も同じような推移を示し、生育期間を通じて総根長と出液速度との間に有意な正の相関関係が認められた（図9-2）。このことから、出液速度は第一義的には総根長によって規定されていると考えられる（Sakaigaichi *et al.* 2007）。

一方、出液中の窒素濃度は、出液速度よりかなり早くから減少傾向を示した。1つの理由として、元肥に由来する土壌中の窒素がイネに吸収されて減少したことが考えられる。そのほか、根系を構成している個々の冠根や側根の生理的活性が低下した可能性もある

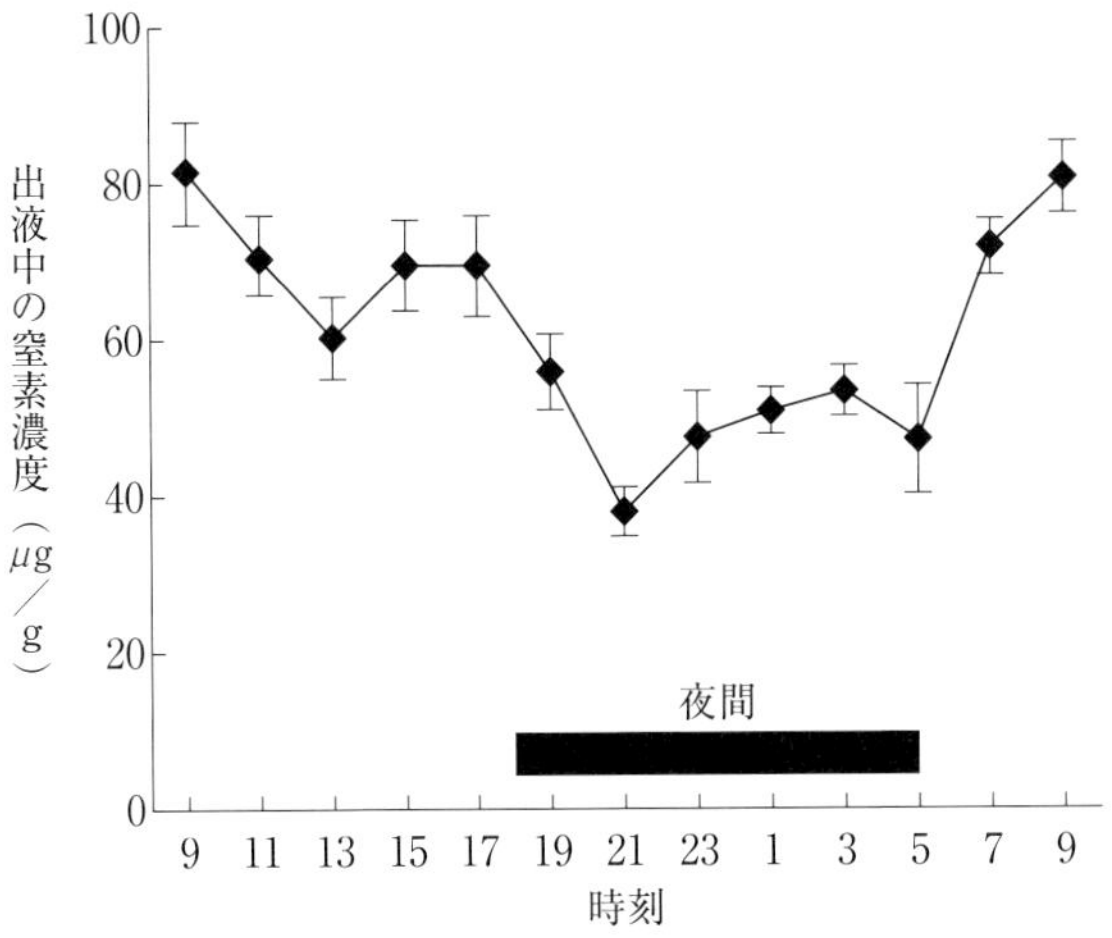

図9-1　水稲出液中の窒素濃度の日変化 (Sakaigaichi *et al.* 2007)

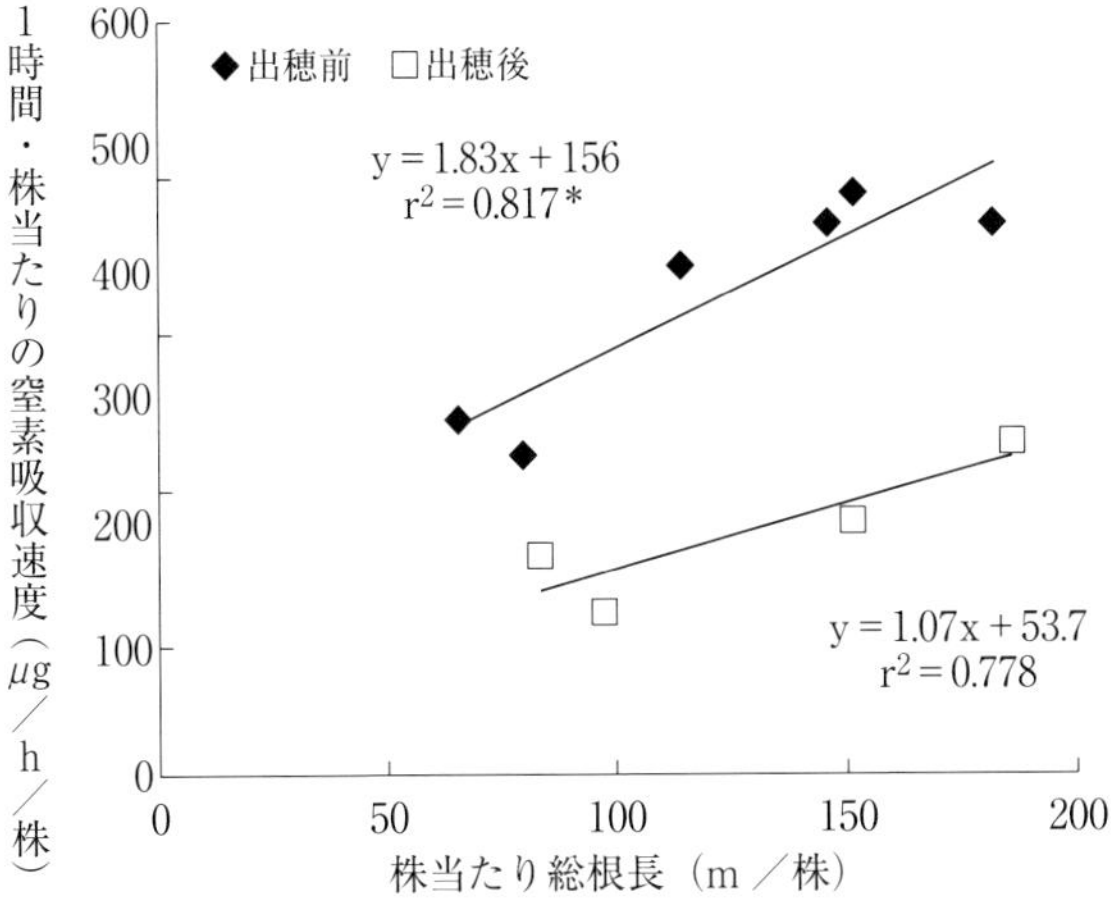

図9-2　株当たりの総根長と出液成分分析による窒素転流量との関係 (Sakaigaichi *et al.* 2007)

(Sakaigaichi *et al.* 2007)。

総根長と出液の窒素濃度の間には密接な正の相関関係が認められたが、両者の間に得られた回帰直線は、出穂の前後で異なり、単位根長当たりの窒素濃度は出穂前より出穂後の方が低かった（図9-2）。

茎葉部への窒素の転流速度（＝窒素濃度×出液速度）は、出液速度とほぼ同じ動きを示した。これは、生育期間を通じて出液中の窒素濃度の変異が出液速度に比べて小さいからである（Sakaigaichi *et al.* 2007）。ポット栽培した水稲を対象に、出液現象を利用して窒素吸収をモニタリングしたところ、同様に幼穂形成期頃にピークが認められた（折谷・葭田　1970）。

さらに、出液の窒素分析によって窒素吸収を議論できるかどうかを検討するため、植物体の窒素分析も行なった。その結果、出液中の窒素から推定した窒素吸収量は植物体の窒素量より少なかったが、最高分げつ期以降、両者の間には有意な正の相関関係が認められた（図9-3）。出液の窒素分析では若干過小評価される可能性があるが、イネの植物栄養学的研究に有効と考えられる（Sakaigaichi *et al.* 2007）。

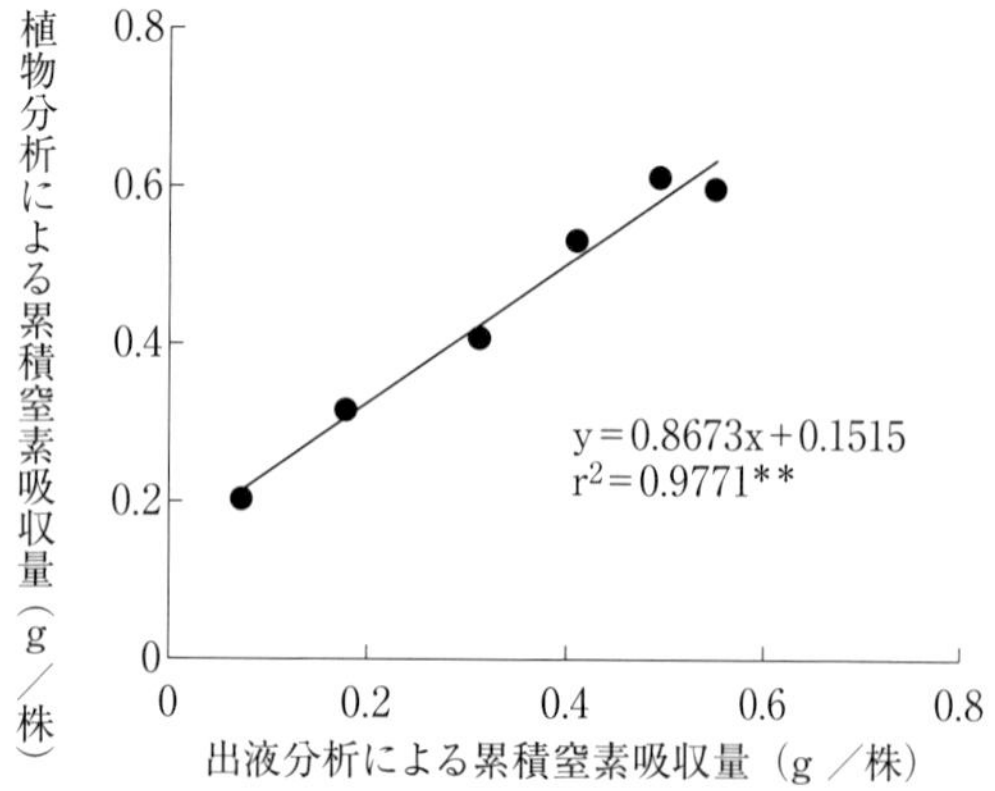

図9-3　出液の成分分析による累積窒素吸収量と累積窒素吸収量との関係 (Sakaigaichi *et al.* 2007)

2. 窒素追肥と出液成分

追肥は稲作における重要な栽培管理作業の1つである。窒素追肥を行なうと3日目には光合成機能が上昇し、その効果が2～3週間維持されること（三井・石井　1939）や、根の生理的活性の指標であるα-ナフチルアミン酸化力が高くなること（松崎ら　1972）が報告されている。

しかし、追肥の適期を外すと節間伸長が起こり倒伏しやすくなるし、施肥量が多すぎると無効分げつを増やし、過繁茂となりやすい（松島 1973）。

そのため、追肥した窒素が、いつ、どれくらい吸収されるかを正確に把握しておく必要があるが、植物体の窒素分析では時間単位の検討を行なうことが難しい。そこで、追肥に伴う出液の窒素分析を行なった。

このような試みは、これまでにも行なわれたことがあるが（折谷・葭田 1970、山口ら 1995、山口ら 2001）、ここではポット試験と水田試験を組み合わせて、さらに詳細に検討した（境垣内ら 2005）。

その結果、窒素を追肥した3時間後には追肥区と対照区の出液中の窒素濃度に違いはみられず、6時間後に初めて追肥区の窒素濃度の方が高くなった。

一方、水耕したイネに放射性物質で印をつけた硫安を与えたところ、6分後には放射性物質が葉に存在することが確認された（Kiyomiya *et al.* 2001）。

これは水耕栽培を利用した実験結果であり、追肥した窒素が直ちに培地全体に拡散し、根系全体から吸収されたのであろう。実際の水田では追肥した窒素をすぐに吸収できるのは土壌表層に分布する根に限られ、下層根も含めて根系全体から窒素が吸収されるには時間がかかると考えられる（境垣内ら 2005）。

吸収された窒素の濃度と量は追肥後24時間目に最大となり、その後漸減し、追肥7日目には追肥区と対照区の窒素濃度と窒素量に差が認められなくなった（図9-4）。ちなみに、この間に吸収された窒素の総量は追肥で与えた窒素の約55％であった。

以上の結果は、安藤ら（1985）が放射性物質で

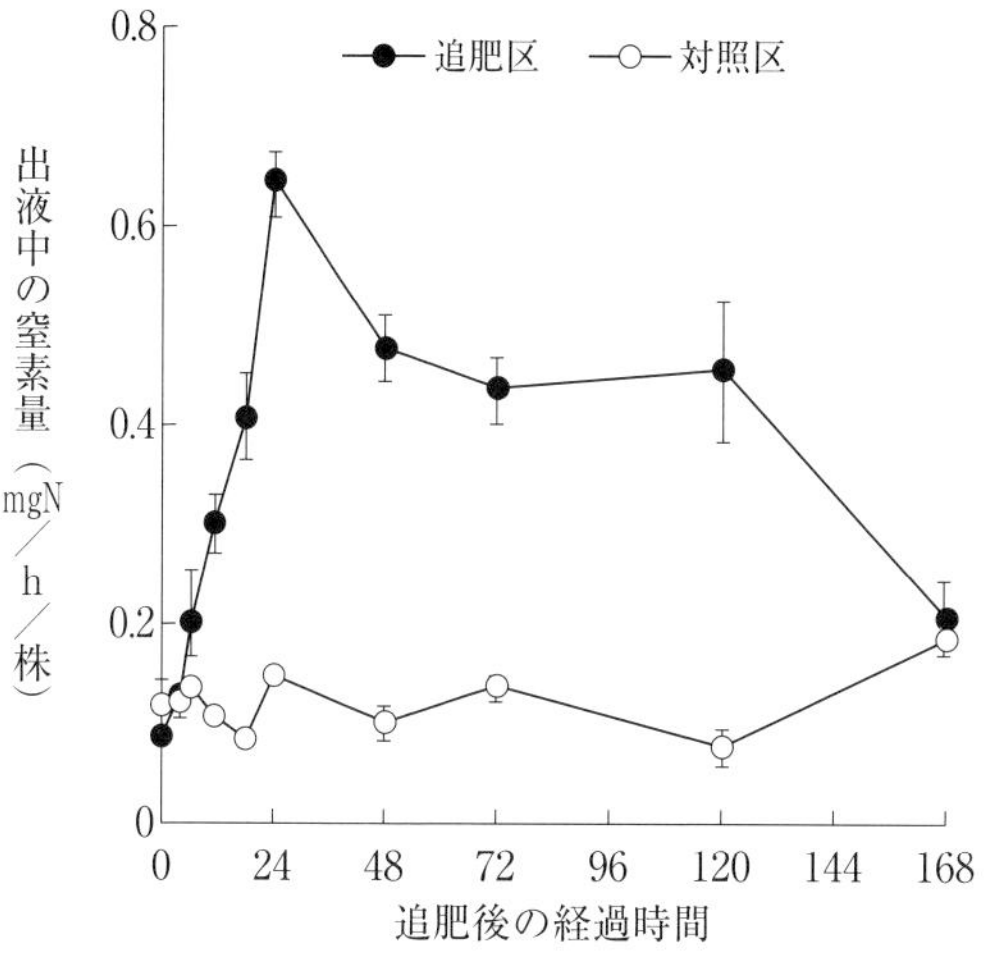

図9-4　水田で追肥した場合の出液中の窒素量の推移
（境垣内ら 2005）

印をつけた硫安を、穂肥として施用したときの結果とほぼ同じであった。このことから、出液の成分分析が追肥窒素の挙動を把握するのに有効であることが確認できた（境垣内ら ２００５）。

また、ポットと圃場とでは栽培環境や窒素の施肥量が大きく異なるが、いずれの場合も出液の窒素濃度の最大値は、追肥後24時間目で約２５０ppmと一致していたことは興味深い。

出液の窒素濃度や窒素量の変化から約12時間遅れて追肥区の出液速度が対照区よりも高く、７日目でも追肥区では対照区より高かった。したがって、出液の窒素濃度や窒素量が増加したことが出液速度上昇の引き金になっていることは確かである。

ただし、時間的ズレがあることは、出液速度と正の相関関係にある呼吸速度（山口ら １９９５）などの代謝過程も関係している可能性を示唆している。

また、追肥区の葉色は出液速度の増加よりもさらに遅れ、追肥後48時間後に初めて対照区より高くなった。稲作現場では、従来から葉色でイネの窒素状態を診断することが広く普及しているが、出液の窒素分析を行なえば葉色診断より迅速かつ詳細に評価できることが明らかとなった（境垣内ら ２００５）。

なお、窒素施肥によって出液速度も上昇したと考えられる点も検討するため、コシヒカリとタカナリを水田で栽培して、調整肥に窒素肥料でなく珪酸カリを使ったところ、コシヒカリは出液速度、出液中の窒素濃度、葉身の窒素含有率が上昇したが、タカナリは変化が認められなかった。

したがって、出液速度が上昇すれば出液中の窒素濃度が増加し、その結果、葉身の窒素含量も増大することも考えられる。この結果も、出液成分を分析することによって根の養分吸収の様相を迅速かつ容易に把握できた一例といえる（山口ら ２００１）。

３．サイトカイニン分析

出液の成分研究では、窒素のほかにサイトカイニンが取り上げられることが多い。葉の老化には根から転流するサイトカイニンが関係しているので、出液中のサイトカイニンを検討する。

例えば、多収性水稲品種のアケノホシは日本晴より葉の老化が遅く、登熟期間中の光合成速度が高く維持される。これがアケノホシの収量が高い理由と考えられている。

アケノホシと日本晴を水田で慣行栽培すると、穂ばらみ期以降は日本晴よりアケノホシの方が出液速度が高く、根系の生理的活性が高いことが示唆されている。いずれの品種においてもサイトカイニンは出穂期に増加し、出穂期以降は葉の老化や登熟に伴って減少した。

ただし、アケノホシでは葉の老化が遅く、長期にわたって緑色を維持したが、サイトカイニンの活性低下も、日本晴より緩やかであった（Soejima *et al.* 1992）。アケノホシを亀ノ尾、金南風、日本晴、タカナリと比較した研究でも同様の結果が得られている（古畑ら１９９４）。

サイトカイニンとして、ゼアチン（ｔＺ）、リボシルゼアチン（ＲＺ）、イソペンテニルアデノシン（ｉＰＡ）が確認された。

なかでも結合型ゼアチンはほかの遊離型サイトカイニンより非常に多く、日本晴よりアケノホシで多いことから、アケノホシの葉の老化が遅いことに出液のサイトカイニン、とくにゼアチンが重要な役割を果たしていると考えられる（副島ら１９９０、Soejima *et al.* 1992）。

また、登熟期に出液の分析を行なったところ（大川ら１９９７）、止葉と止葉から3枚目におけるサイトカイニン活性や、光合成に深く関わる重要な酵素であるRubisco含量は日本晴よりアケノホシで高かった。

また、葉面積当たりのサイトカイニン含量とRubisco含量との間には正の相関関係が認められた。

以上のように、根から葉へ転流するサイトカイニン総量は日本晴よりアケノホシで多い。サイトカイニン量が多いアケノホシでは下葉の枯れあがりが遅く、上位葉が緑色で光合成速度も維持され、登熟がよく、収量も高いと考えられる。

なお、同じ品種でも栽培法が変われば、出液中のサイトカイニン活性が異なることがある。例えば、先にあげた乳苗移植栽培したコシヒカリでは、幼穂形成期以降の出液中のサイトカイニン活性が、稚苗移植栽培したものより高いことが報告されている（折谷ら１９９７）。

４．出液現象と根の活力

水稲根系の研究において、出液の速度や成分が利用されることが多くなった。これは「The hidden half」残された半分（Eshel and Beeckman, 2013）としての根系の重要性が認識されるようになってきたからであり、出液現象が根系の生理的活性を含めた機能を研究するのに有効であるからであろう。

確かに、出液速度や成分分析は、稲作現場において根の活力を測定し評価するのに有効である。ただし、茎葉部を切除した影響を完全には除去できないことや、出液速度の変化による希釈効果を考慮しておく必要がある。

一般に、木部液中の成分濃度より転流総量（＝成分濃度×木部速度）が重要と考えられており、木部液速度≒蒸散速度と考えて差し支えないので、インタクトな状態との比較検討には留意する必要がある（Schurr 1998）。

いずれにせよ、根の研究を進めるために茎葉部における葉面積や光合成速度に相当する指標が必要である（阿部　１９９６）。出液速度はその１つとなる可能性が高い。

相互に比較検討することが可能な出液速度に関するデータが現場からどんどん得られ、窒素やサイトカイニン以外にも、例えばケイ素などの植物栄養学的研究が進めば、根系機能に関する理解が深まることが期待できる。

まとめ

根系の研究では、形態と機能との関係を解明することを通して、収量形成を改善していくことが最終的な目標となる。根系の形態と形成については研究成果が蓄積してきたため、根の生理的活性に関心が移ってきた。

とくにフィールドにおける根の活力を検討するためには出液速度の測定が役に立つだけでなく、出液の成分分析を行なうことで得られる植物栄養学的知見が、収量形成における根の活力を解析するために役立つと考えられる。

第10章 根系管理と収量形成

本書では、まず根系の形態と生育について、これまでに得られている知見を整理した。また、主要な栽培管理が土壌を介して根系に働きかけるものであることを踏まえて、栽培条件や環境条件によって根系の形態と生育がどのような影響を受けるかを検討した。

そのうえで、出液速度や成分分析を指標としながら、根系の生理的活性について、根の形態と生育との関係を踏まえて考察した。

そこで本章では、これまでに明らかになっている研究成果に基づいて根系の形態と機能との関係を検討しながら、根系が収量形成において果たしている役割を考えてみる。

1. 地上部と地下部の関係

第2章でみたように、イネの体はファイトマーという形態的単位の積み重ねでできており、それぞれのファイトマーの茎部分に冠根が形成される。また、根系の形成は茎葉部の生育と密接に同調しながら進むことが明らかとなっている。その結果として、出穂期までの生育期間において茎葉部重と根重との間には相対生長の関係が認められる。

相対生長というのは、生物の全体の生長と部分の生長、あるいは部分と部分の生長の相対的な関係のことである。この関係があるために生長に伴って生物の形が変化することになる。

相対生長の関係が認められるというのは、log（根重）＝k・log（茎葉部重）＋bという関係が成り立つということである。kは相対生長係数で生物学的に重要な意味をもつと考えられる。bは定数である。

相対生長は、異なる水稲品種における茎葉部と根系の間にも認められる。そして、詳細な研究が行なわれた結果、葉重（茎葉部重ではない）と根重との間には相対生長の関係が認められると同時に、生育前半と後半で相対生長係数が変化することが分かってきた。

水稲の場合、数日ごとに順次1枚の葉が出現する。

一部改変）

(kg/10a)		水管理	耕深(cm)
K	堆肥		
18.0	750	中	24
16.6	750	中	15
17.3	1,125	中	24
26.5	2,250	中	18
26.2	2,625	中	12
43.2	3,000	間・中	15
26.6	1,125		15
16.4	2,250	間	20
21.4	1,125	中	17
25.3	1,875	間・中	16
22.5	3,000	間・中	21
29.5	2,250	間	23
31.9	1,600	中	25
30.2	1,500	中	30
25.2	2,250	間・中	17
17.8	400	間・中	18
20.6	1,875		15
20.5	1,200	間・中	15
27.5	2,000	間・中	18
22.8	500	間・中	20
24.3	1,797		19

この出葉間隔は生育前半に比べて生育後半で少し長くなる。この出葉間隔が変化する生育段階を出葉転換点と呼んでいる。相対生長に関する検討の結果、生育前半の出葉転換点より前は葉の方が、それ以降は根の方が生長が盛んである（図10-1、菅・山﨑 1988）。

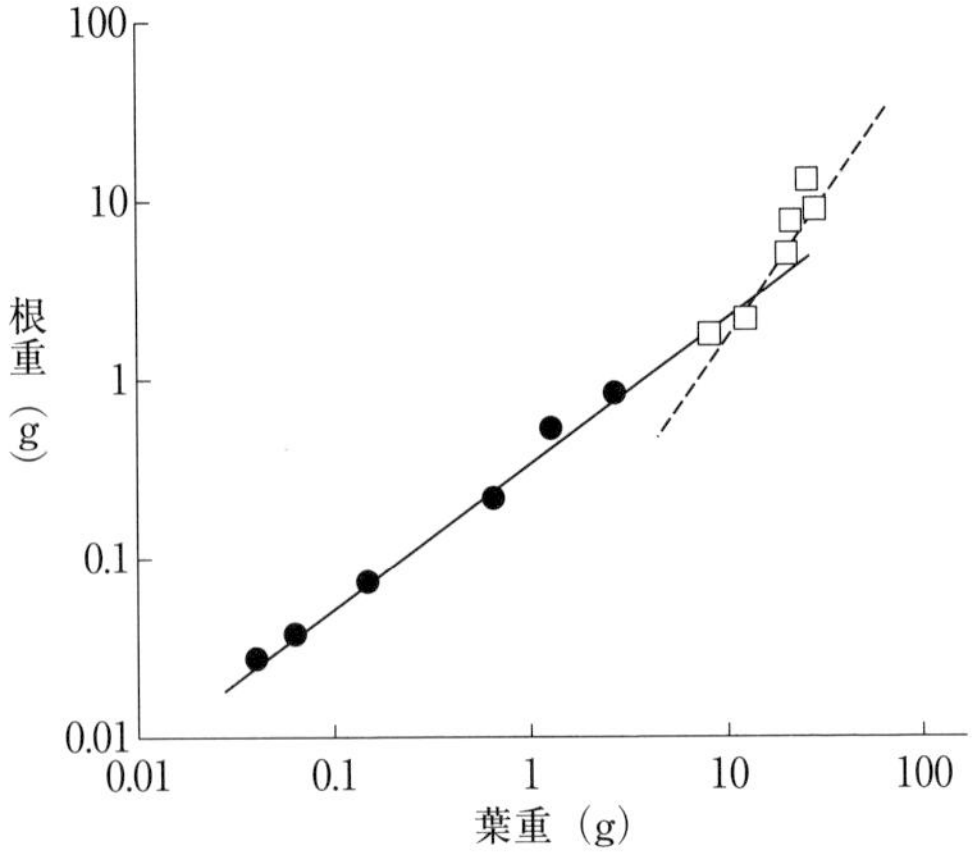

図10-1　水稲の生育に伴う葉重と根重との関係（菅・山﨑 1988）

実線：log（根重）＝ 0.8531 log（葉重）－ 0.428
破線：log（根重）＝ 1.5831 log（葉重）－ 1.252
両者の相対生長係数の間には統計的な有意差が認められる

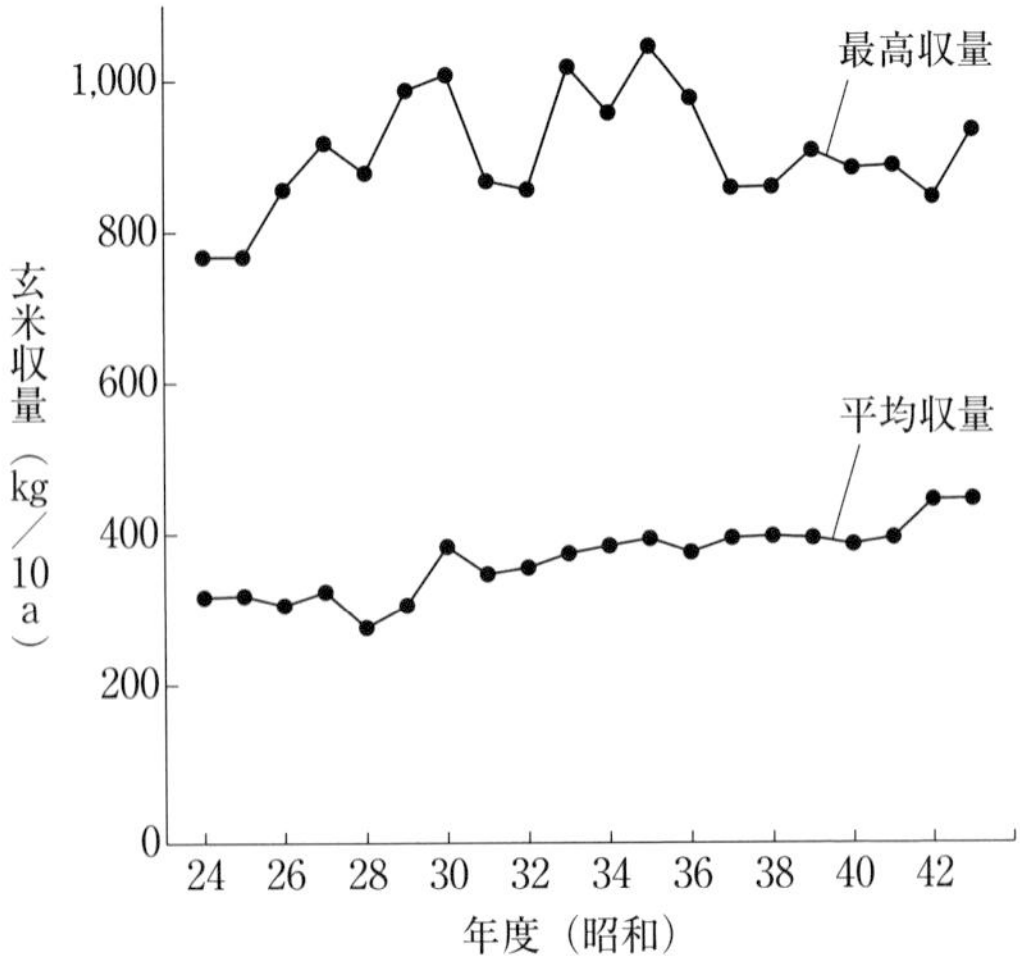

図10-2　米作日本一表彰事業における入賞者の収量と全国平均の推移（朝日新聞農業賞事務局 1971などによる）

表10-1　米作日本一表彰事業における入賞者の耕種概要と収量（朝日新聞農業賞事務局 1971などから

年度（昭和）	住所（県）	氏　名	玄米収量（kg/10a）	品　種	苗代様式	施肥量	
						N	P
24	長野	前沢篤介	766.0	農林29号	水苗代	22.4	10.4
25	香川	西村大作	770.0	大土8号	折衷	18.3	14.3
26	富山	土肥敏夫	857.7	短銀坊主	短冊型水苗代	22.5	8.3
27	香川	大川義則	919.8	千本旭	揚床水苗代	24.8	15.8
28	福岡	樽見一郎	875.1	ベニセンゴク	水苗代	23.2	16.6
29	富山	川原宗市	993.9	金南風	保温折衷	33.8	24.3
30	富山	上楽　菊	1,014.6	金南風	保温折衷	22.3	87
31	長野	百瀬貫一	868.8	新3号系	保温折衷	17.8	12.0
32	長野	藤森栄吉	856.0	新3号系	保温折衷	21.3	9.9
33	長野	北原　昇	1,023.9	農林29号	ビニール折衷	21.2	14.3
34	秋田	加藤金吉	959.0	農林41号系	ビニール畑	22.5	23.3
35	秋田	工藤雄一	1,052.2	オオトリ	電熱育苗ビニール畑	20.8	19.0
36	長野	小池政之	975.1	ふ系55号	ビニール畑	28.5	27.7
37	長野	小池政之	862.7	ふ系55号	ビニール畑	29.1	44.6
38	秋田	石川定雄	862.9	ミヨシ	ビニール畑	21.9	14.3
39	長野	北原　昇	914.1	ほたか	寒冷紗ビニール畑	12.0	15.8
40	秋田	佐藤吉雄	894.4	フジミノリ	ポリ保温折衷	25.2	18.5
41	秋田	渡辺重博	897.9	ヨネシロ	ポリ保温折衷	17.3	21.6
42	青森	佐藤一二郎	853.7	レイメイ	ビニール畑	19.4	21.5
43	長野	西沢満司	941.8	ほたか	ビニール畑	13.3	30.8
平均			908.3			21.9	18.6

収量の問題を考える場合にも、相対生長の関係が参考となる。事実、茎葉部の生育を制限すると収量が減り根系の形成も抑制されることや、根域を制限すると収量が低下することが報告されている。ただし、水稲の収量は必ずしも茎葉部の生育に単純に比例するというわけではない。

2. 米作日本一表彰事業

稲作における根の重要性を示唆する事例として、１９４９～１９６８年に実施された「米作日本一」表彰事業が参考になる（朝日新聞農業賞事務局１９７１）。本事業が実施された20年間に、全国の平均収量は約１５０kg増加し約４５０kg／10ａとなった。また、１０００kg／10ａを超える多収が何回も記録された（表10-1、図10-2）。

現在、平均収量はさらに増えて５０

０kg／10ａ代前半にまで達しているが、その後頭打ちの傾向にある。また、不思議なことに１０００kg／10ａを超える多収は再現されていない。おそらく、多収が品種や単独の個別技術では実現できず、土づくりを基礎とした栽培システムの体系化が重要であるからであろう。

言い換えると、その後の稲作において、イネの生育診断をしながら生育調節を行なうことが十分にできていない可能性がある。また、様々な理由から多収に対するモチベーションが下がっている可能性もあるのではないだろうか。

さて、本事業で多収を実現した技術に関しては多くの調査研究があり、①暗渠排水、客土、堆厩肥の施用、深耕などによる土壌環境の改良、②適正品種の選定、③保護苗代を用いた健苗の育成と早植え、密植、並木植え、④施肥の合理化、⑤間断灌漑・中干しを中心にした水管理、⑥病害虫の防除などが指摘されている。

以上のように、多収事例に共通して認められる栽培技術の多くは根系の生育に関わるものであり、根をとりまく土壌環境を改善することを目ざすものである。作物栽培における重要な管理作業は土壌を介して作物の根系に対する働きかけであることから、もっともなことといえる。

すなわち、栽培管理作業のポイントは如何によい根系を作るか、如何に根系が生育しやすい土壌環境を整備するかであるといえる。作物栽培のポイントが経験的に「土つくり」とか「根づくり」にあるといわれてきたことがそれを示唆している。

この事業で多収を上げた水稲の茎葉部については多くの研究が行なわれたのに対して、残念ながら根系については十分な検討が行なわれず、定性的な観察記録が散見されるにすぎない。

当時はまだ根の研究手法が発達しておらず、調査に多くの時間と労力が必要な割には成果が上がらなかったからであろう。多くの栽培研究が行なわれながら根系への関心があまり高くなく、定量的な研究がほとんど行なわれなかったことは残念である。

多収水稲の根系の形態や生育に関する観察結果を総合すると、①冠根が多く、長く、直径が太い、②側根や根毛がよく発達している、③根域が広く、土壌深くまで分布している、④うわ根に相当する土壌表層の細根の発達が著しいなどの特徴が認められる（田中　１９７６）。

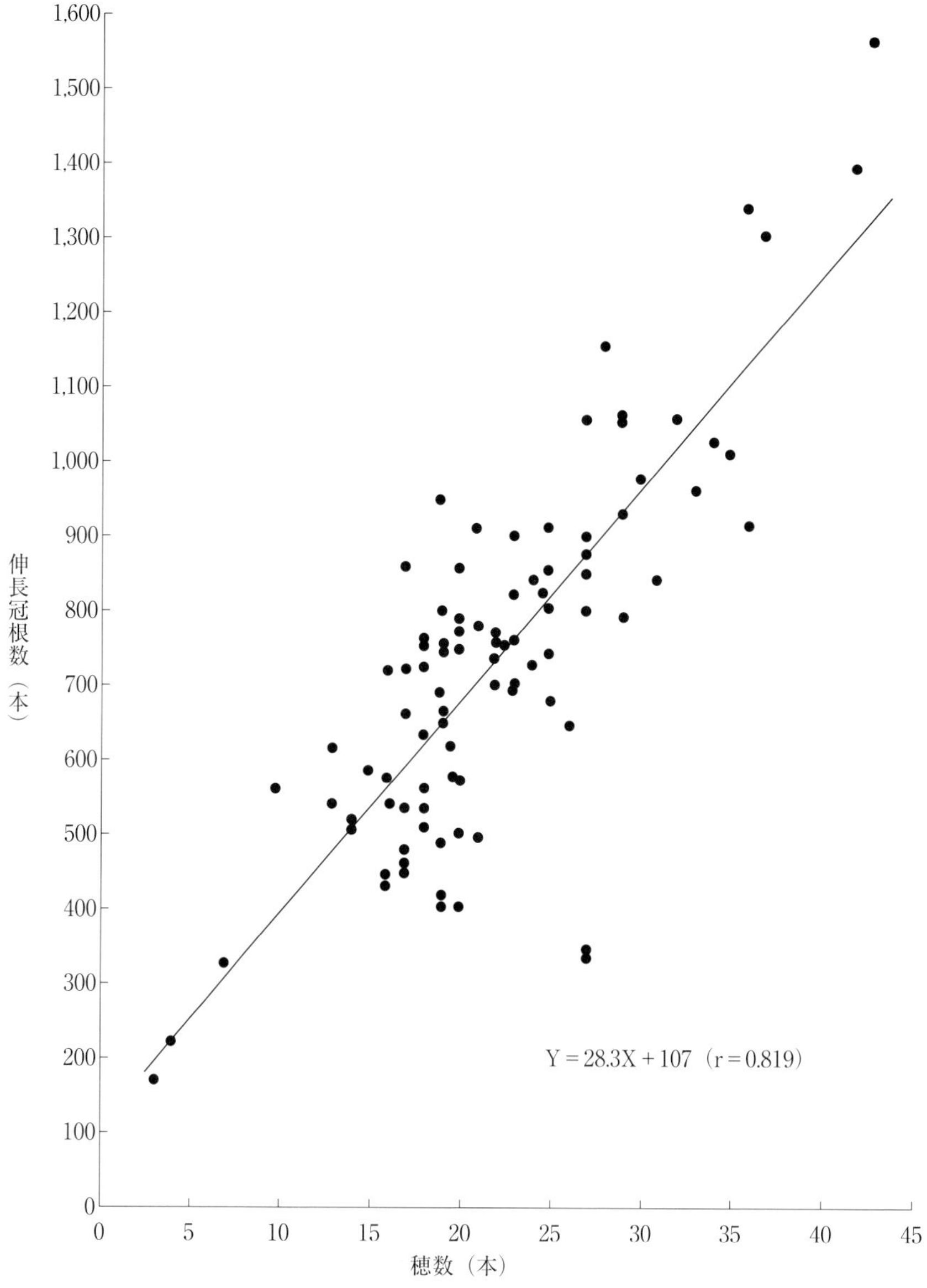

図10-3　水稲の冠根数と穂数との関係（川田ら 1980bを一部改変）

以上の点を整理すると、多収水稲の根系は一般に量的に多く、深くまで張っていることが多いといえる。すなわち、収量形成における根の役割を考察する場合、本書の前半でも指摘してきたように、根系の量的な側面と分布の様相の２つがポイントといえそうである。

３．根系形成と収量形成

(1) 根量と収量

そこで根量に着目すると、冠根の数・長さ・重さが多く、冠根の直径が大きい水稲では、収量を規定する形質である穂数や籾数も多いことが報告されている。穂数・玄米収量と根量の間に正の相関関係が認められることも多い（図10-3、川田ら　１９８０）。これは、茎葉部と根系の間に認められる生長相関の観点から理解できる可能性が高い。

しかし、高い収量を上げている水稲において根が案外少なかったり、外観上必ずしも健全ではなかったりする場合もあり、単純に根が多ければ収量も高いということではない（松島　私信）。その理由は明らかではないが、根系を構成する冠根や側根の機能が生育段階によって異なることと関係しているのではないだろうか。

一般に水稲の収量は、収量＝（茎数／面積）×（籾数／茎）×登熟歩合×千籾重として捉えて、それぞれの収量構成要素について解析していくことが多い。この４つの収量構成要素は、異なる生育段階に決まっていくことが明らかになっている（松島　１９７３）。

最終的な根量・分布と収量とを比較検討することは研究を始める手がかりにはなるが、それだけでは不十分である。いつ、どこに、どれくらい根が形成され、それが収量形成にどのように関わるかを解析する必要である。

つまり、研究のきっかけとしてはできあがった根系の形態と収量との関係を検討することは悪くない。しかし、それだけではイネの一生を通じて進む収量形成における根系の貢献について考察を深めることは難しいということである。

(2) うわ根と収量

根系の分布と収量との関係についても検討されている。水稲では出穂前後の生育後期に土壌表面近くにうわ根が形成される。うわ根が形成されて、機能する時

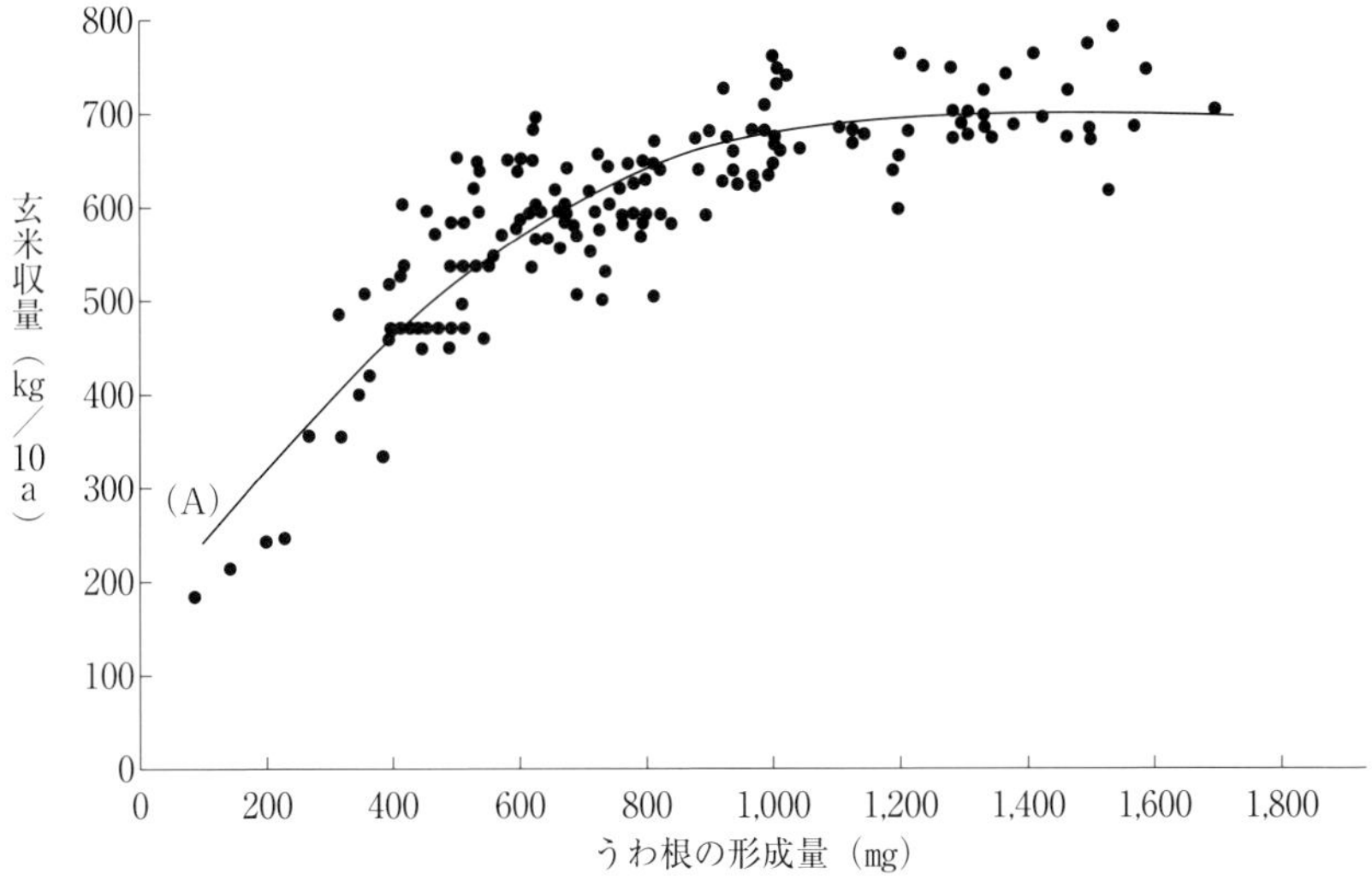

図中の黒丸は供試験田のそれぞれを示す。(A) 曲線は、全水田におけるうわ根の形成量と玄米収量の関係を表わす推定曲線である

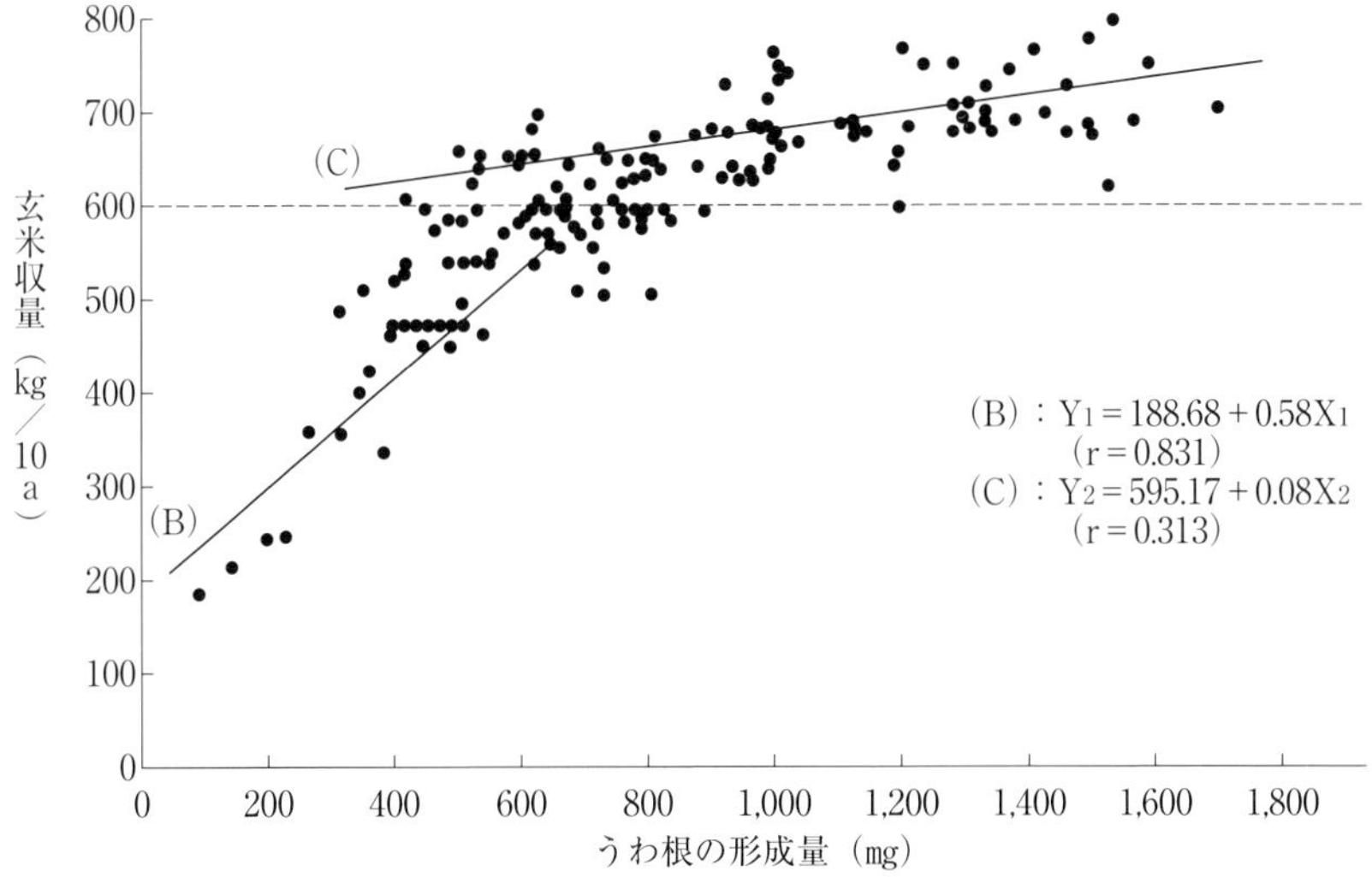

表示法は上の図と同様であるが、本図ではうわ根の形成量と玄米収量との関係を、玄米収量 600kg を境として、それ以下の範囲の場合を (B) (C) とに分けて推定した

図10-4　うわ根の形成量と収量との関係 (川田ら 1978を一部改変)

期は収量形成にとって重要な登熟期にあたる。このことから、うわ根の量やその生理的活性は、収量形成に重要な役割を果たしている可能性が高い（図10－４）。

そこで、うわ根の量（水稲４株間10カ所から直径５cm、深さ５cmの土壌円柱を採取して洗い出した根の生体重）と収量の関係を解析したところ、両者の間には単純ではないが一定の関係が認められた。すなわち、約６００kg／10ａレベルまでは、うわ根の量が多いほど収量も高かった（川田ら１９７８ｂ、図10－４）。

しかし、それ以上の収量レベルでは、うわ根が多くても収量はあまり高くない。これらのことから、高い収量レベルではうわ根だけでなく、そのほかの要因、とくに下層根が重要であると川田（１９８２ｂ）は考察している（図10－５）。

この考え方には批判もある。最終的な収量と生育後期のうわ根形成量（生体重）とを比較していることは方法論的な限界もあり、慎重に検討していく必要があろう。

（３）直下根と収量

水稲の下層根の重要性を示唆する研究結果も報告されている。例えば、円筒モノリスを用いて冠根の伸長方向と収量との関係を検討した結果から、下方向に伸長する冠根と収量レベルとが対応していると考えられる。

また、根長密度に着目した研究からも、同様の結果が得られている。すなわち、単位面積当たりの総根長と収量との関係をみると、収量が約５５０kg／10ａまでは両者の間に比例的な関係が認められ、総根長が長いほど収量も高かったが、それ以上の収量では反対に根長が短かった（図10－５、図10－６、森田ら１９８８ｂ）。

根系の分布の様相をみると、高い収量レベルでは根系が深い部分に分布していた。さらに、農家水田で栽培した水稲においても、籾数と上層根（うわ根に相当）とに、また登熟歩合と下層根との間に対応関係が認められている。

これらの結果は、登熟期間における根系の貢献を検討する場合は根量だけではなく、根の種類や分布にも着目する必要があることを示唆している。

それでは、下層に生育分布する根とは、一体どういう根であろうか。すでに本書の前半でみたように、下方向に伸長する冠根ほど直径が大きい傾向が認められる。また、直径が大きい冠根ほど通導能力が高いことも明らかになっている（第5章）。

養分吸収を土層別に解析したところ、穂揃期以降における窒素吸収量と高い相関関係を示したのは下層に分布する根量であった。また、旧品種と改良品種を比較すると改良品種の方が深根性で、下層根の呼吸速度や養分吸収能力が高いことが明らかとなった。

出穂期における光合成速度と根の呼吸速度との間には密接な関係が認められ、改良品種の根系特性が多収に関係しているものと考えられる（蒋ら1988）。

以上のように、収量と根系との関係を検討する場合は、根の側としては根量と分布がポイントとなる。また、収量を規定する入れ物としての籾の数や大きさと、それにどれだけ登熟するかという視点も重要である。

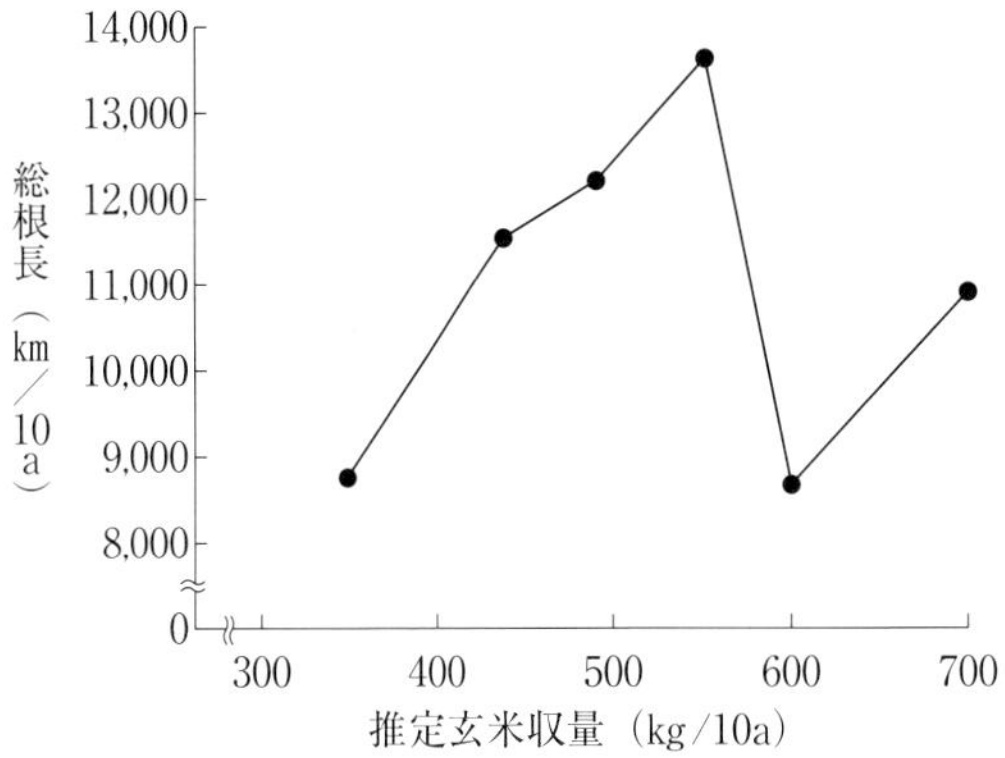

図10-5　収量と総根長との関係（森田ら 1988b）

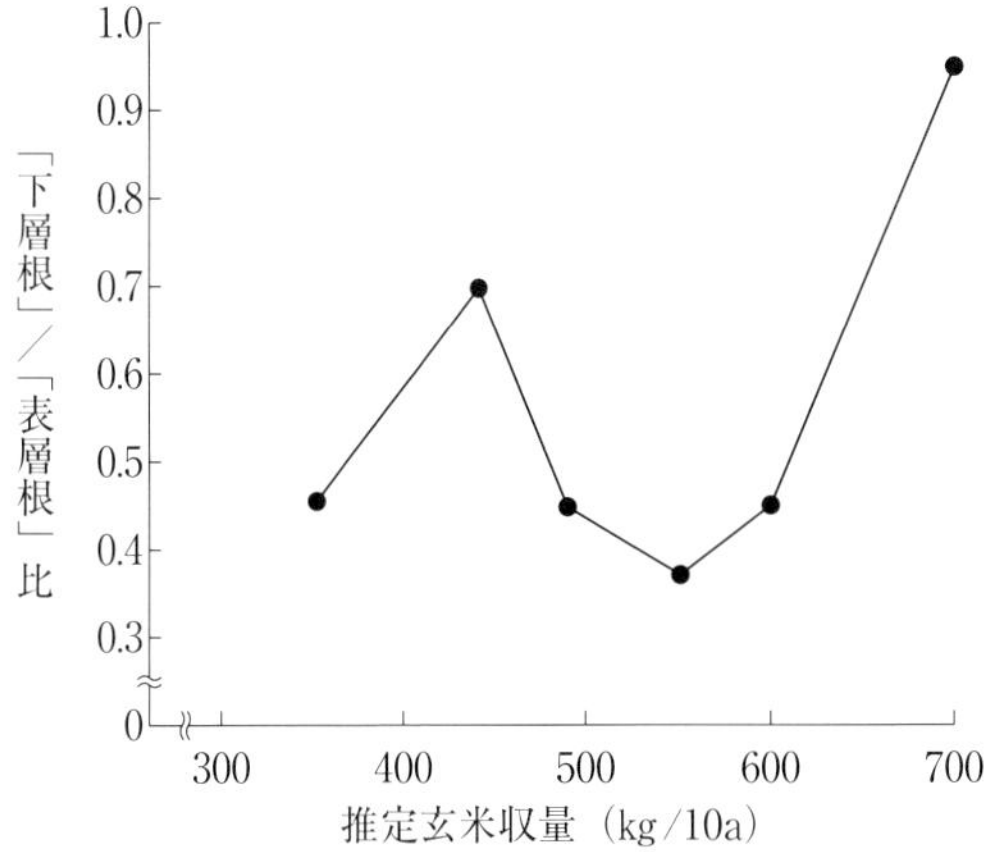

図10-6　収量と下層根/表層根との関係（森田ら 1988b）

表10-2　材料を採取した水田における栽培条件（山﨑・原田 1984）

水田名 水田所在地	阿部正志氏 東田川郡 藤島町上町	石川長治氏 東田川郡 三川町横川新田	斉藤智氏 酒田市 北平田漆曾根	高橋保一氏 酒田市 大字城輪
施肥（10a 当たり）				
元肥				
有機物	完熟厩肥 1t	生ワラ全量	生ワラ全量	生ワラ全量
N	4 kg	5 kg	4 kg	5.3kg
P_2O_5	6.5kg	9.5kg	9.6kg	12 kg
K_2O	9 kg	9.5kg	8.4kg	8 kg
追肥				
回数	2	3	3	6
N	2.7kg	3.5kg	4.6kg	8.0kg
P_2O_5	—	1.6kg	1.3kg	—
K_2O	2.5kg	2.6kg	2.5kg	5.5kg
移植日	5月12日	5月12日	5月8日	5月10日
出穂日	8月 9日	8月 8日	8月5日	8月 7日
栽植密度	25.6/m^2	24.5/m^2	20.9/m^2	26.1/m^2
収量（10a 当たり）	570kg	723kg	600kg	720kg

表10-3　各水田の１茎当たりの冠根数と１伸長根当たりの穂形質（山﨑・原田 1984）

水田	１茎当たりの冠根数			１伸長根当たりの穂の諸形質		
	総根数	伸長根数	いじけ根数	穎花数	登熟粒数	精玄米重
阿部氏水田	46.3 本	29.3 本	17.0 本	2.07 個	1.76 粒	37.7mg
石川氏水田	54.1	24.9	29.2	1.93	1.71	36.1
斉藤氏水田	51.9	25.3	26.6	2.26	2.03	42.7
高橋氏水田	49.7	24.2	25.5	2.28	2.03	40.5

（４）収量構成要素と根

山形県庄内地域の農家水田で慣行栽培された水稲について、収量構成要素と根の形質との関係について水田間の比較を行なった（表10－2）。その結果、収量形成に関わる穂の形質（総穎花数・登熟粒数・精玄米重）と冠根数はいずれも有効茎数と密接に関連していた（表10－3）。

穂の形質と最も密接に関連していたのは伸長根数で、伸長根１本当たりに約２粒の穎花、約40㎎の精玄米がそれぞれ対応していた。

調査した４水田での平均でみると、１㎡当たり約１５０００本の伸長根が約６００gの精玄米重（＝６００kg／10ａ）を支えていたことになる（表10－3、山﨑・原田１９８４）。

4．収量形成と根の活力

すでにみたように、収量形成において重要な登熟期に、根系全体の出液速度が急激に減少する（平沢ら　1983、蒋ら　1988、森田・阿部　2002）。これは、根系の機能から収量形成を考えていく場合、出液速度が重要な手がかりとなることを示唆している。

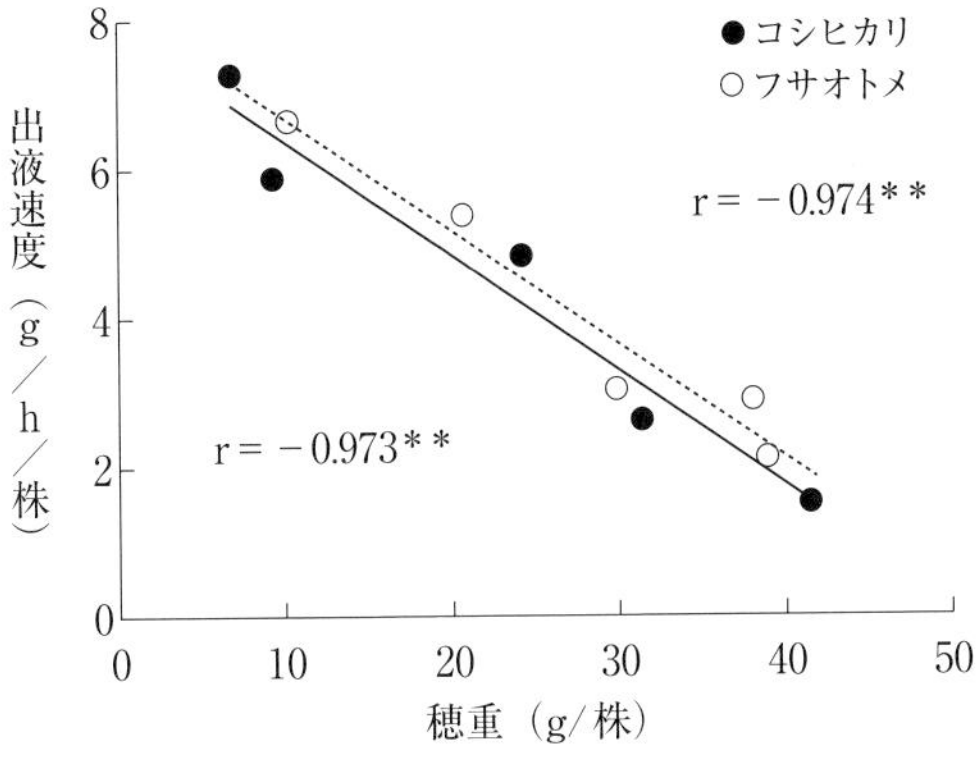

図10-7　水稲登熟期における穂重と出液速度の関係
（森田・阿部 1999a、1999b）

そこで、収量の指標として登熟期間中の穂重を取り上げ、出液速度との関係について検討を行なったところ、両者の間に有意な負の相関関係が認められ、穂重が増加するのに伴って出液速度が減少していた（図10-7　森田・阿部　1999a、1999b）。

収量の形成過程や最終的な収量と出液速度との間に密接な関係が認められたことから、登熟期間中に穂と根系の間で光合成産物の分配を巡る競合が起こり、登熟期間中の根の生理的活性が登熟、ひいては収量に大きな影響を与えていると考えられる。

以上のことから、高い収量を上げるためには、とくに登熟期間中の根系の生理的活性が高いこと、また低下が緩やかであることが重要と考えられる。すなわち、収量の向上を実現させる1つの方途として、根系の老化を遅らせることがあるのではないかと考えている。

河西ら（2003）がポット栽培した水稲および陸稲14品種の出液速度と根重・根長を測定したところ、生育前半は単位根量当たりの出液速度に大きな変異が認められず、出液速度の品種間差は根量の違いによると考えられた。

生育後半になると根量だけでなく、根量当たりの出

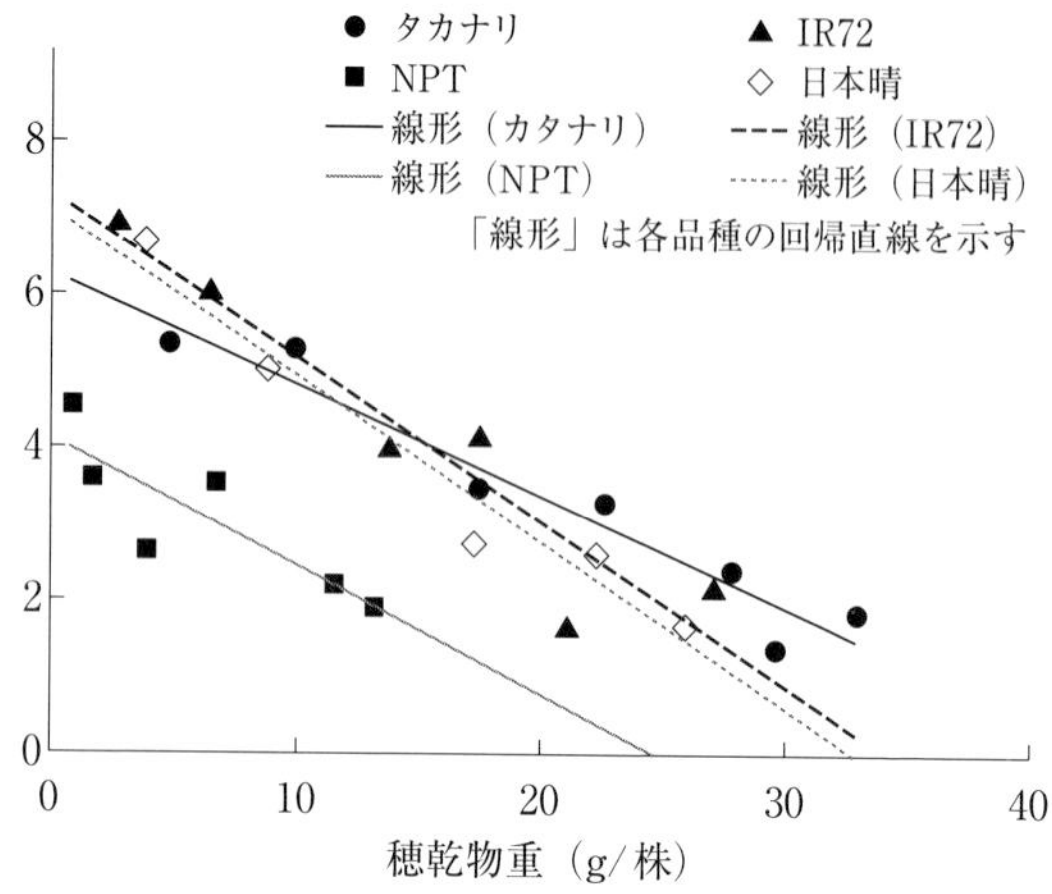

図10-8　水稲登熟期における穂重と出液速度との関係の品種間比較（阿部・森田 2002）

液速度にも品種間差が認められた。また、単位根長当たりの出液速度と比根長（根長／根重比）との間に密接な正の相関関係が認められ、側根の発達程度が出液速度に大きな影響を与えていることが示唆された。

　また、収量レベルや草型が異なる4品種について出液速度と収量性の関係について検討した結果、登熟期間中の穂重の増加と出液速度の減少との間に密接な負の相関関係が認められた（阿部・森田 2002）。その場合、穂重と出液速度との間の回帰直線が、品種によって異なっていた（図10-8）。

　例えば、タカナリではほかの品種に比較して回帰直線の勾配が小さく、登熟期間中の根の生理的活性の低下、すなわち、根の老化が緩やかに進むと考えられた。

　初期に育成されたNPT（New Plant Type）品種の系統であるIR65598-112-2は、根重と出液速度のいずれも他品種より有意に小さく、この系統を日本で栽培した場合は根の生理的活性、ひいては登熟に十分な能力を発揮できないと考えられた。

　また、水田で栽培した多収性品種アケノホシと日本晴の出液速度を比較した場合、常にアケノホシの方が日本晴より大きい値を取った。これには、茎葉部の生育に伴う根系の量的な発達も大きく寄与しているはずである。ただし、出穂期以降のアケノホシの出液速度の低下が、日本晴に比べて緩やかであることにも注目しておきたい（蒋ら 1988）。

　楠谷ら（2000）は水稲の日本品種とアジア各国で育成された多くの多収性品種を供試して出穂期と成熟期における出液速度を測定した。その結果、登熟歩合と出液速度の減少率（＝1－［成熟期の出液速度／出穂期の出液速度］）の間に有意な負の相関関係が認められた。このことから、出液速度の減少率が低い品種では登熟期間の根の老化が緩やかで、籾の登熟にも有利と考えられた。

以上のように、出穂期以降に出液速度が高い、あるいは低下が緩やかな場合は登熟期間の光合成速度が高く維持され、光合成産物の穂と根系への分配で競合が起こりにくい。このことがまた光合成速度の維持に寄与して、最終収量レベルも高いものになると考えられる（Hirasawa *et al.* 1992、蒋ら　１９８８、Jiang *et al.* 1994a, 1994b）。

登熟期間の出液速度に着目して収量形成を考察する場合、出液速度を根量と単位根量当たりの生理的活性とに分けて検討するべきである。

また、出液速度の絶対値だけでなく推移に注目することが極めて重要である。すなわち、出液速度が最も高くなる出穂期頃に対して登熟期間に出液速度がどの程度低下するかが根の老化を示す指標になると考えられる。

まとめ

以上、これまでにイネで得られた経験的・科学的知見を踏まえて、収量形成におよぼす根系の影響について考察を試みた。その場合、本書の前半でみたように、根系の形態に関しては根量と分布がポイントであると考えられた。

すなわち、根量が多いことが収量形成にポジティブに働くと考えられる。また、単に根量だけではなく、根の分布も影響している可能性がある。うわ根が多いと一定のレベルまでは収量との間に比例的な関係が認められる。

これは、登熟にうわ根が重要な役割を果たしているからではないだろうか。ただし、さらに高い収量レベルではうわ根だけの問題ではないことも示唆されており、直径が太く通導能力が高い下層根が果たしている役割を明らかにしていく必要がある。

いずれにしても、根の活力が高く維持されること、老化が緩やかに進むことが収量形成にとって重要と考えられる。根の活力の維持は、もちろん品種特性でもあるが、同じ品種を栽培しても収量に違いがあるように、根の形態と機能を栽培技術によって調節することがあわせて重要と考えられる。このようなことを念頭において、次章では品種と栽培に関する「根のデザイン」を農業現場に還元することを考えてみよう。

第3部

根の見かた

第11章 根をどう見るか？

本書では、川田信一郎『写真図説 イネの根』（農山漁村文化協会、1982年）を参考にしながら、イネの根系の形態と機能に関する従来の知見を、著者なりに取捨選択して整理してきた。

全体を通じて教科書的な解説の部分もあるが、できるだけ発育形態学的および機能形態学的な見かたからの解説を試みたつもりである。本書の最後に、必ずしもイネに限定しないで、根系や根の研究において著者が重要と考える視点を整理しておきたいと思う。

1. 根系・根群と個根

すでに指摘したように（森田・阿部 1999c、森田 2000）、根の研究においては個体（あるいは株）の根の総体としての根系・根群と、根系を構成する個々の根である個根との2つの視点がある。

まず、根系と根群という用語の定義についてみておこう。従来は根系に対する発育形態学的な理解が進んでおらず、根系全体の構造も解明されていなかったため、根の集まりを根群と呼んでいたのであろう。

その後、研究の発展とともにシステムとしての根系に対する理解が深まり、根群とはいわずに根系という用語が使われることが多くなってきた。つまり、以前は根群と呼んでいたものは現在の根系に相当している場合が多いといえそうであるが、両者が完全に一致しているとは限らない。

個体群の個葉の総体を葉群（キャノピー）というが、地下部では個葉と葉群に相当する概念や用語が明確でないことに気がついた。対応する用語が明確でないのは、地上部と地下部とではものの見かた・考え方が異なることも1つの理由であろう。しかし、著者は単位面積当たりの収

表11-1　個根の分類カテゴリーと用語（森田 2021）

個根	根系	根群
root	root system	roots or root systems
1本の根	1個体（株）の根	複数個体（株）の根・根系

量を検討する場合、これに対応する単位面積当たりの根量にあたる概念がほしいと考えている。

そこで、表11-1のように整理したらどうかと考えている。すなわち、根群と根系という2つの用語にそれぞれ異なる意味をもたせ、対応する英語も異なるものとする提案である。

日本の大学の理学部と農学部では研究に対する考え方に違いがあり、理学部では（後述するモデル器官としての）個根を、農学部では個体や個体群の根系や根群を対象にすることが多かった。

しかし、最近では農学部でも、実際の作物栽培を想定したフィールドにおける個体の根系や個体群の根群を意識した研究が少ない。

そもそもフィールドの根系を対象にした研究では対象の形態変異が大きく、統計解析が難しいなどの問題がある。そのため、実験室内において種子根や生育の初期段階における個根を対象にした研究が多い。

胚発生の過程で形成される幼根が出現したものを種子根（あるいは主根）という。トウモロコシやコムギでは幼根に由来するものを初生種子根とし、胚発生からでなく発芽直後に原基が形成される数本の根を種子根としている。

種子根を形態学的に定義することは難しいが、農学的分類として便利な考え方である。

種子根や生育初期の冠根を取り扱った実験室的な研究を否定するつもりはないが、農業者はそのような実験室的な研究やポット試験の結果は相手にしてくれない。様々な苦労はあろうが、農家水田などのフィールドにおける試験研究が展開されることを期待している。

2. 個根の種類と形成

必ずしもイネに限らず、根系を構成している個根の生育や形態は、茎葉部から根に送られる光合成産物や植物ホルモンなどの内的な条件と、根をとりまく土壌の物理化学的条件との総合によって決まってくる。

したがって、根の一生をまっとうできるかどうか、どこで一生が終わるかによって形や色が決まってくるという発育形態学的な視点が重要である（表11-2）。

イネの根系を構成している1本1本の冠根原基は、稲体を形作るファイトマーの茎部分の内部に内生的に起源する。ただし、形成されたすべての冠根原基が順調に茎から出現するわけではなく、エネルギーが十分に供給されない場合には茎のなかで生育が終わる。このようなものを生育停止根と呼んでいる。

それでは茎から出現した冠根原基はすべて伸長根になるかといえば、そうではない。茎から出現しても様々な長さで生育が終わるが、長さ5㎝以上になるかどうかが1つの基準となる。

長さが5㎝未満の根はいじけ根と呼ばれ、その形態は様々である。いじけ根は生育後期に多く、根系を構成する冠根の半分あるいは半分を超える場合があるが、収量形成に大きく貢献している証拠は得られていない。

長さ5㎝を超えるとすべての根が同じような伸長根となるかといえば、そうでもない。長さ5㎝を超えた冠根も様々な生育を示し、とくに根軸に沿った直径の減少程度が異なる。直径の減少程度が小さい順に、A型根、B型根、C型根に3種類に分類される（第5章、図5-4）。

冠根直径の減少と側根形成とが補償的な関係にあることが多い。また、側根には二元性が認められる。冠根と側根を合わせて直径が重要な形質になると考えられる。

なお、生育停止根やいじけ根に限らず、一旦伸長を停止した根が生育を再開することは経験的にないといえる。

3. 個根から根系へ

以上、根系と個根という2つの視点があることを指摘したが、それではこの2つの視点をどのように結びつけたらよいのであろうか。著者は、ファイトマーという形態的単位を介して個根と根系につなげることを考えている。

植物の体制がファイトマーという形態的単位からなることは古くからあるアイデアであること、またイネにおいてはファイトマーを介して根量を把握することが有用であることはすでに解説した（第2章3節）。

植物の体制だけでなく出液速度を指標として根の活力を測定・評価する際にもファイトマーの概念が役立つ。出液速度は株当たりで議論することが多く、せいぜい根系全体の出液速度を根数や根長で割って平均値として取り扱うことしかできなかった。

山﨑・阿部（1988）は自作の装置を用いて、株から切り離した個根の出液速度を測定することに成功した。その結果、側根の数や、冠根と側根の合計長と出液速度との間に、有意な正の相関関係が認められ

表11－2　イネの冠根の一生

生育段階	名　称	内的外的要因	生育の特徴
原基の形成	冠根原基	内的要因	茎の中
原基の生育	生育停止根	内的要因	茎の中
冠根の出現	いじけ根	内的外的要因	根長が5cm以下
冠根の伸長	C型根	内的要因	直径の減少が大
	B型根	内的要因	直径の減少が中
	A型根	内的要因	直径の減少が小
伸長の完了	ししの尾状根	内的外的要因	伸長がほぼ停止

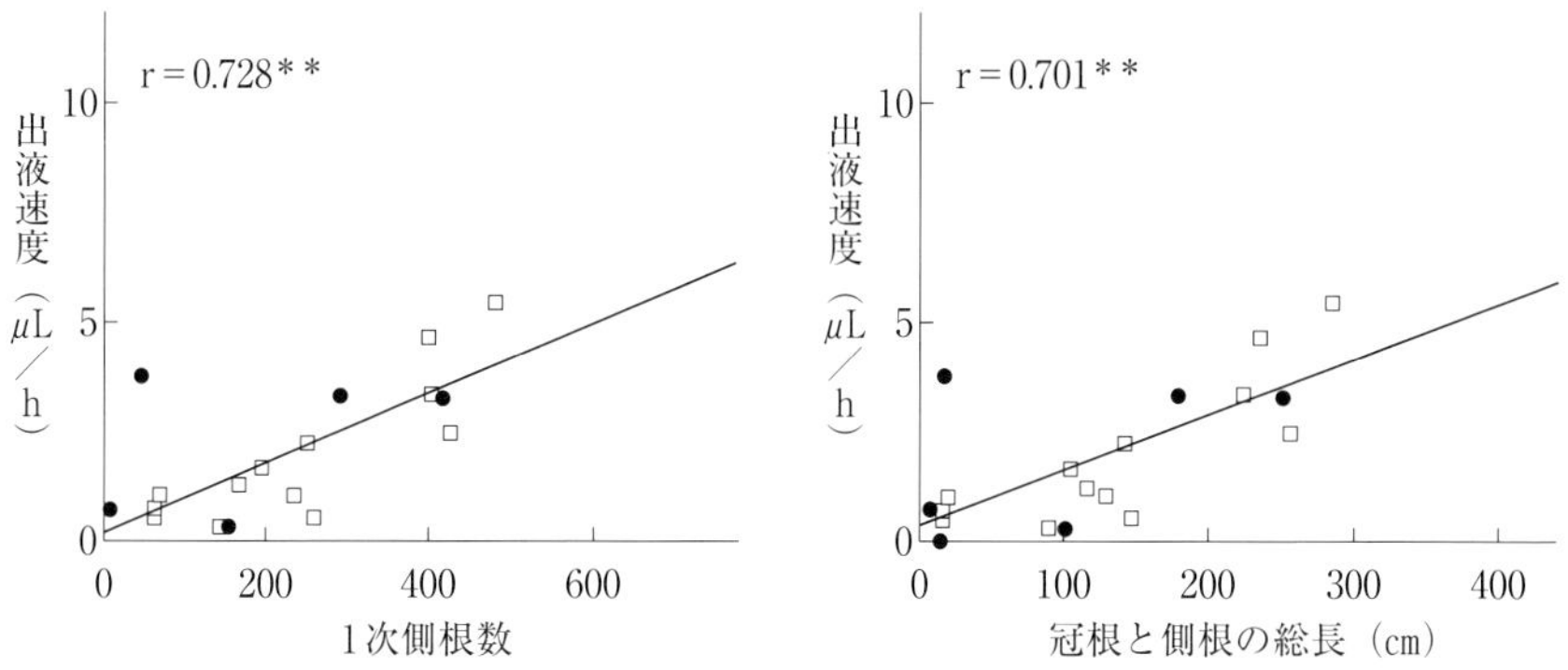

図11-1　水稲冠根の側根数・総根長と出液速度との関係（山﨑・阿部 1987）
根端長　●＞40㎜、40＞□＞10㎜　グラフは根端長が10㎜以上の比較的若い冠根の解析結果

た。とくに根端長が10㎜以上のエイジが若い個根では、その対応関係が明確であった（図11-1）。

このようにエイジがほぼ同じ個根においては総根長（あるいは総表面積？）が出液速度を強く規定している可能性が高い。

また、この測定装置で個根の周囲の溶液の温度が低下すると急速に出液速度がゼロに近くなる。これは、出液速度が呼吸を背景にした生理現象であることと矛盾していない。

このような研究成果を踏まえて個根から根系へのつながりを検討するために、阿部は葉ざし法（山﨑 1978）を利用してファイトマーの概念を念頭において検討を進めた。

すなわち、イネの体から1つのファイトマーを取り出して水耕し、根が発育した後、葉身基部を切断してワタを設置して出液速度を測定した（図11-2）。その結果、品種に関係なくファイトマー全体の総根長（冠根長＋側根長）と出液速度との間に密接な関係が認められた（図11-3）。

　しかも、葉ざし法を利用して測定したファイトマー全体の出液速度は、個根の出液速度に冠根数をかけた値とほぼ整合していた。

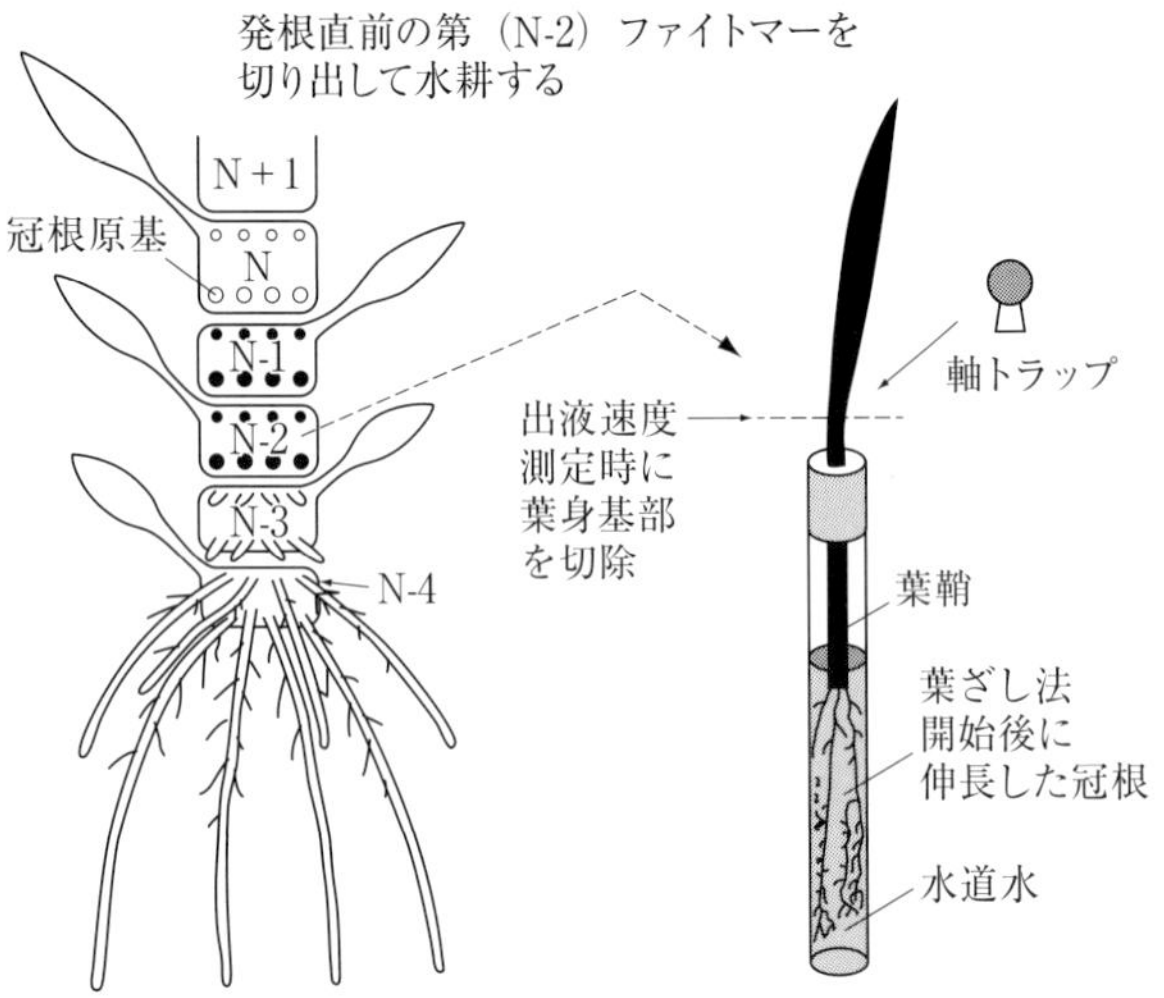

図11-2　葉ざし法を利用したファイトマーの出液速度の想定方法の模式図（山﨑 1978などを改変）

　それを前提として株全体を構成するファイトマー数を考慮して検討した結果、株全体の出液速度≒冠根の出液速度×（冠根数／ファイトマー）×（ファイトマー／株）という関係が成り立つことが確認できた。この事実は、ファイトマーを介した個根の積み重ねとして株の根系を考察できることを示唆している。

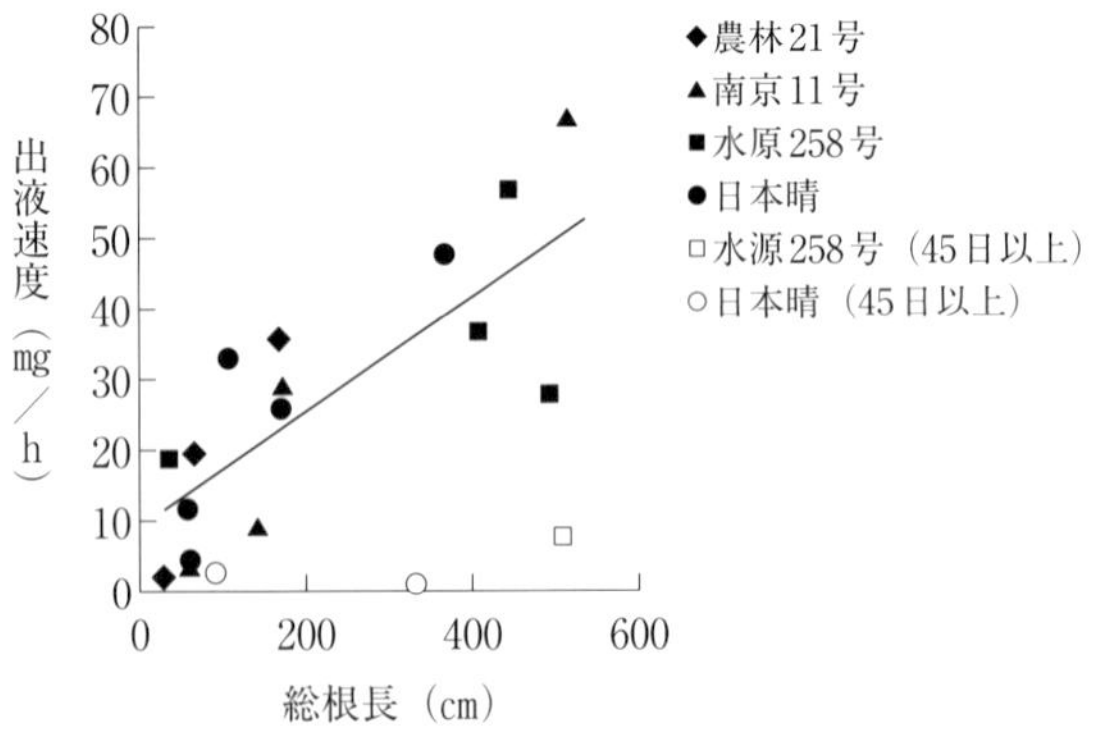

図11-3　葉ざし法を利用したファイトマー当たりの出液速度（阿部 2003）

図中の実線は側根出現後45日未満のすべての品種を込みにした回帰直線

根系全体はエイジの異なる多くの個根によって構成されている。したがって、個根の単なる足し算や掛け算だけでは十分に理解できないだろう。

しかし、この検討で個根の足し算掛け算がファイトマーレベルに整合したことは、個根から根系へのつながりを示唆しており、大きな意義があると考えている。

4. モデル器官の根

根系と個根という2つの視点を意識できたのは、著者が農業・農学分野で活動してきたからであろう。つまり、最終的には個体や個体群の地下部の形態と機能を、地上部の生育や収量形成と関係づけて考えるという文化のなかで育ったということである。

それはさておき、著者としては個根の研究が発展することにも期待している。実際、根の研究では個根を取り扱ったものが占める割合が高い。その大きな理由として、個根がモデル器官としての優れた特徴をもっていることがある。

著者は個根を対象とした研究として、形態形成学的研究・生長生理学的研究・機能形態学的研究の3つを想定している（森田・阿部　1999c）。個根はこれらの研究を進める材料としてのメリットをもっている。

高等植物の体制は、枝分かれする軸と考えることができ（森田　2000）、そして軸の先端には頂端分裂組織があり、器官や組織を形成し、古いものの上に新しいものを積み重ねていく（前川　1969）。

茎葉部の頂端分裂組織は葉原基や幼葉によってしっかりと包み込まれており、それを除去しないと取り扱うことができない。

一方、地下部の根端頂端分裂組織には根冠があり分裂組織を保護しているものの、水耕を利用すれば分裂組織の動態を観察しやすいし、実験科学的な処理もやりやすい。

また、茎葉部では規則的に葉や側芽が発育する規則性があるのに対して、側根形成もある程度規則的であるが、根端分裂組織から少し離れた部位で進むため、根端分裂組織から基部側への細胞系譜は茎葉部より比較的単純であって、観察・考察がしやすい（表11-3）。

こういった点があるため、個根はモデル器官に向いている。根の形態が種を超えて似ているという点では、モデル生物以上に普遍的な材料といえるかもしれない。

表11-3　地上部と地下部の分裂組織の比較
（森田 2021）

	地上部	地下部
頂端分裂組織	基本的な体制が類似	
	待機分裂組織	静止中心
周辺状況	葉原基と幼葉が密集	根冠があるが観察が容易
側生器官	葉原基と幼葉の比較的近くに規則的に形成	分裂組織から少し離れたところでやや規則的に形成
分裂組織からの細胞系譜	比較的複雑	比較的単純

5．分離種子根の培養

モデル器官としての根という観点から、実験方法について補足を行なっておきたい。イネを水耕したり、根箱法で生育させることで、処理を加えながら種子根や生育初期に形成される冠根の生育を詳細に検討することができる。ポット栽培やフィールド実験における栽培試験に比較して、内外の条件の影響を詳細に検討することができる。

なかでも、すでに解説した葉ざし法と本節で取り上げる分離根培養法は、インタクトな条件ではないが、詳細な実験的検討ができる点でメリットがある。ここでは分離根培養法を利用した研究成果を紹介しながらその意義について考えておきたい。

川田グループは、イネの種子根の培養法について一連の検討を行なった（山﨑 1982）。その結果、従来の根端のみを対象として培養液に浮かべる浮遊培養法に比較して、胚盤を含めて摘出した分離根を培養した方が良好な結果が得られた（川田ら 1968）。

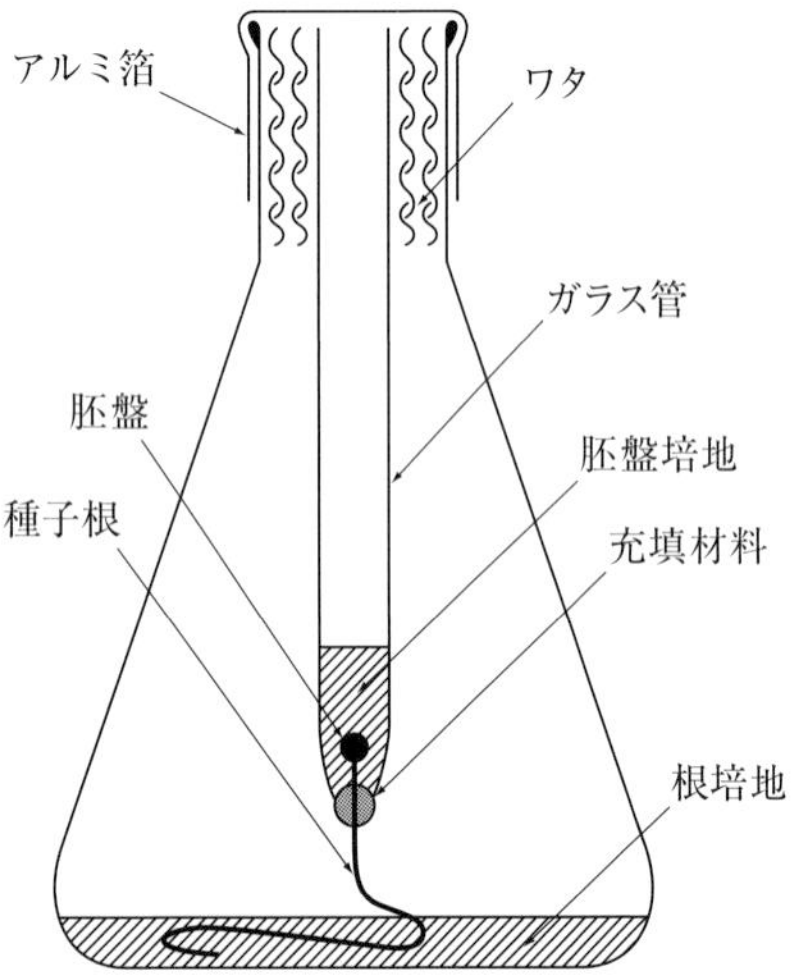

図11-4　川田グループによる2培地培養法の模式図（川田・松井 1975）

また、胚盤を有する分離根の培地を二分して、胚盤部分から供給する糖類の培地と、種子根を浮かべた培地とを組み合わせた2培地培養法（図11-4）を用いると、最高152cmまで種子根を伸長させることに成功した。この場合、ショ糖の濃度は18％までは高いほど培養根の生長が良好であった（川田ら 1968）。

従来から利用されてきた分離根を培地に浮かべる浮遊培養法と、川田グループが考案・改良した2培地培養法を用いて、供給する糖の種類と濃度について検討を行なった。

その結果、胚盤から供給する糖はショ糖よりブドウ糖の方が培養根の生育が良好であり、ブドウ糖の最適濃度は2培地培法の方が高かった。また、浮遊培養法より2培地培養法の方が、土壌中を生育する通常の種子根に近い生育が認められた（川田ら 1975）。

さらに2培地培養法を改良して（図11-5）ブドウ糖濃度を変化させてみた。その結果、ブドウ糖濃度が高くなると、種子根の伸長速度や直径が増加し、側根

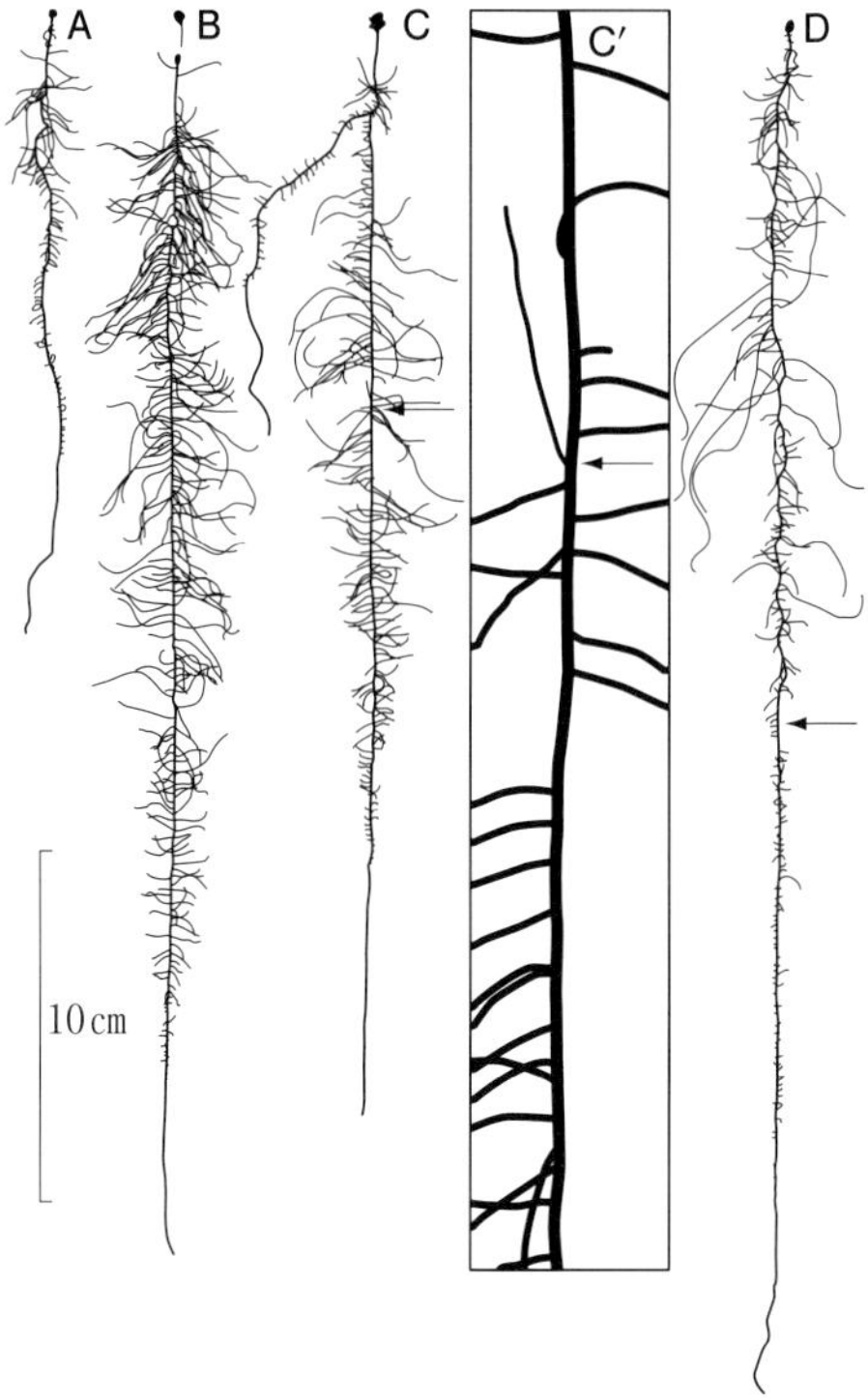

図11-5　2培地培養法において胚盤培地の糖条件を変更した場合の根の生育（川田・松井 1975）

A：ブドウ糖濃度0.5％条件下で14日間培養した根
B：ブドウ糖濃度7％条件下で14日間培養した根
C：ブドウ糖濃度0.5％条件下で7日間培養した後、ブドウ糖濃度7％条件下でさらに7日間培養した根
C′：Cの一部の拡大
D：ブドウ糖濃度7％条件下で7日間培養した後、ブドウ糖濃度0.5％条件下でさらに7日間培養した根
C′以外はいずれも同じ縮尺
図中の←はブドウ糖濃度を変更したときの根端の位置

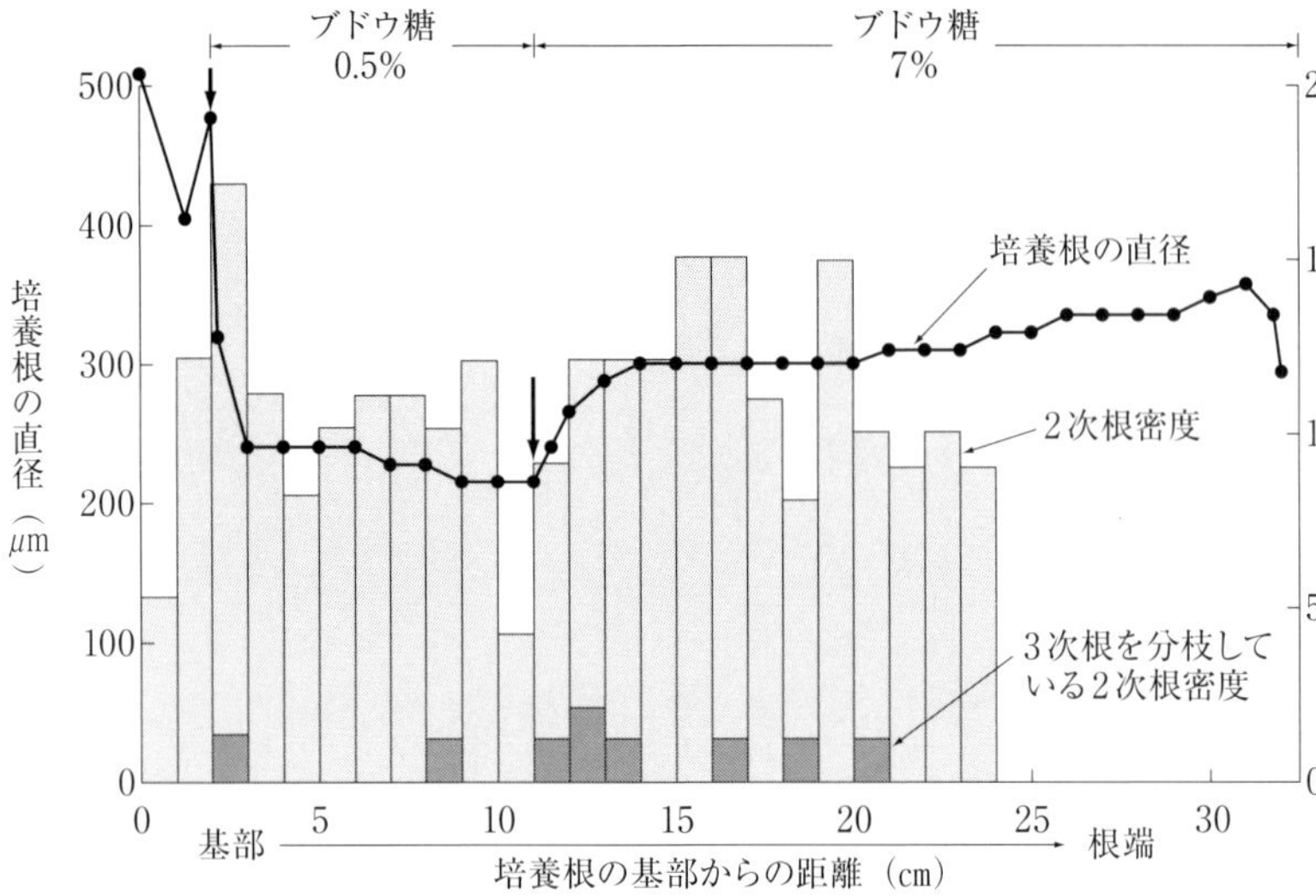

図11-6　胚盤培地のブドウ糖濃度を0.5%から7%に変更して培養した根の生育（川田・松井 1975）
図中の↓は、培養を開始したときとブドウ糖濃度を変更したときの根端の位置

の形成密度も高くなった（図11-5、図11-6、図11-7、川田・松井 1975）。これらの実験結果から、地上部から供給される糖が根の形態形成に大きな影響を与えていることが実証された。

その証拠の1つとして、2培地培養法を用いてブドウ糖の供給を制限するとししの尾状根が形成された例がある（図11-8、川田・副島 1980）。この結果からは、地上部からの糖の供給などの栄養生理条件がししの尾状根の形成に関与していることを示していると考えられる。

すでに指摘したように、根の形態や生育は、基部から供給される光合成産物や植物ホルモンなどと、根をとりまく物理化学的条件との総合的な影響によって決まってくる。

2培地培養によって根の内部条件と外部条件とを区別して検討できることは、モデル器官としての根を材料にした研究にとって大きなメリットと考えられる。

6. 根の効率と保険

個根の形態や組織構造は種を超えて類似している点が少なくないが、山内章が繰り返し指摘しているように、根系全体としての形態は可塑性が非常に大きい（Galamay *et al.* 1992）。地上部の場合は葉の形態や茎への着生の様相が遺伝的に決まっているため種の同定にも役立っているが、根の場合はそうはいかない。

　地下部の遷移について研究されていた矢野悟道氏を神戸女学院大学にお訪ねしてフィールドワークにおける根の同定についてお話をうかがったことがある。そのとき、個々の根の形態だけみて種を同定することは難しく、地上部の情報があっても正答率は7割程度ということをお聞きした。

　根系の可塑性が非常に大きいのは、空中に比較して土壌中の物理化学的条件や水条件などの環境条件がその場その場で大きく異なるためであろう。反対にいえば、根系は環境条件に対応して柔軟に形態や機能を変

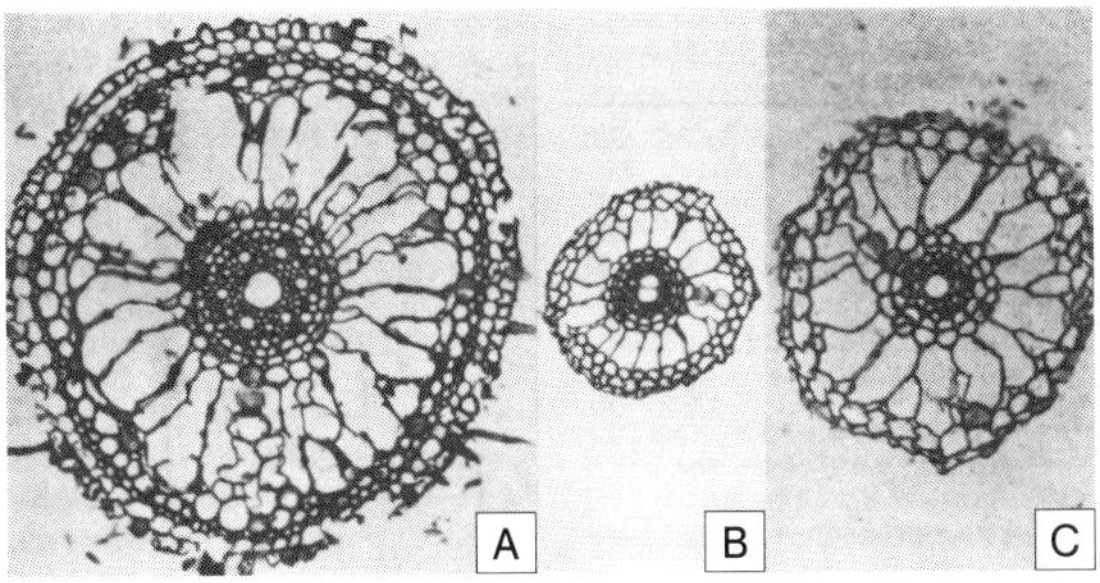

図11-7　胚盤培地のブドウ糖濃度を0.5%で7日間培養した後にブドウ糖7%培養した根の横断面（川田・松井 1975を一部改変）

A：培養を開始したときにすでに生育していた部分、B：ブドウ糖濃度が0.5%条件で生育した部分、C：ブドウ糖濃度が7%条件で生育した部分

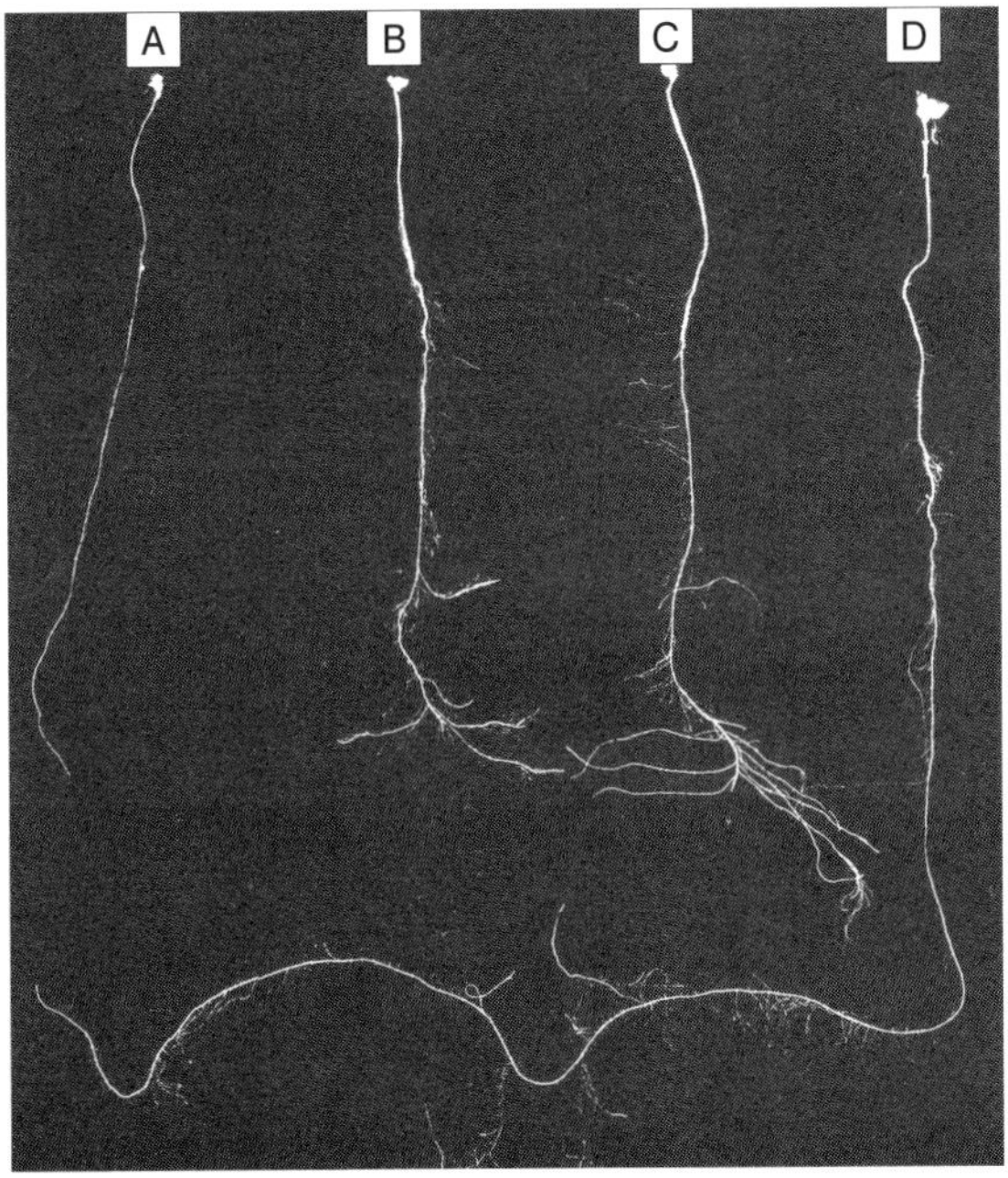

図11-8　2培地培養法で培養した場合のししの尾状根（川田・副島 1980）

A：胚盤培地のブドウ糖濃度を7%から0%に変更した場合、B：ブドウ糖濃度を7%から1%に変更した場合、C：ブドウ糖濃度を7%から3%に変更した場合。D：ブドウ糖濃度を7%で培養した場合。BおよびCがししの尾状根、いずれも根が10㎝になった段階でブドウ糖濃度を変更した

えることができ、それが生き残り戦略になっているということである。

そこで、根系および個根の効率と保険ということを考えておきたい。乾燥地に生育している植物はたまたま地下深くまで根が発達し、そこに残存している水を吸収できたために生き残っている場合が少なくない（大沼・坂場 ２００３）。したがって、深い根が乾燥地で有利であることが経験的に知られており、日本における陸稲の育種においてもこの考え方が利用されている（平山ら ２００７）。

乾燥地での水吸収を考えた場合、頻度は極めて少ないが雨が降ることがある。その場合、土壌表層は有機物が少ないため、降雨がゆっくりと土壌深くまで浸透することなく流去してしまう。そのため、こういう場合は土壌表層に根が生育していると有利に働く。

実際は、いつ、どういうことが起こるかが分からないため、深い根と浅い根との組合せが、効率を多少犠牲にしても保険をかけることになる（森田 ２００３）。

植物は動物と異なり、短時間に移動することができない。そのため、様々な環境に備えるという意味で様々な保険をかけておくことが、生存戦略として有利に働く。このことは、第12章で取り上げる「根のデザイン」を検討する際にも重要なポイントとなる。

まとめ

根の研究においては、根系全体に関わる問題と、根系を構成する個々の根に関わる問題とがあり、これらをどのように結びつけていくかが重要なポイントとなる。イネの根系の場合、ファイトマーを介して根系と、根系を構成する個々の根とを結びつけられる可能性があることを明らかにできた。

モデル器官としての根を対象とした研究も重要である。個根の研究に分離培養根を利用することも有効であり、とくに2培地培養法はインタクトな状態に少しでも近づけようという観点から意義がある。

根系に関するもう1つの視点として、短時間に移動できない植物の生存戦略として、保険をかけておく点がある。ただし、根の機能の効率を下げてまで保険をかけることについてはバランスを考慮する必要があるだろう。

第12章　根のデザイン

1.「根のデザイン」の視点

著者が１９９２年に「根研究会」（現在の根研究学会）を設立したことはすでに記した通りである。その立上げ直後に「サヘルの森」というＮＰＯが開催した「根をデザインする」というワークショップに招待された。

彼らは長年にわたって中東およびサヘル地域において植林活動や生活支援を行なってきた経験を通じて、その過程でどんなに乾燥したところでも植物が生き残っているという事実を「再発見」した（大沼・坂場　２００３）。

すなわち乾燥地でも地下深くには水が残っていることが多く、たまたまそこまで根が達した植物が生き残る可能性が高いことに気がついた。この事実から、長い根をもった苗を育てて定植すれば生き残る可能性が高くなるのではないかと考えたのである。

彼らはこのアイデアを「根のデザイン」と呼んでいる。まさにコロンブスの卵的発想であり、現場から本質を読み取る力に驚いた。

また、このアイデアを実現するにあたり、現場で容易に手に入るもので何とかするという「ブリコラージュ」（bricolage）という考え方に立っていることも、適正技術を考えるうえで非常に重要な点である（森田　２０１９）。

「サヘルの森」のアイデアに出会うまでは、根の研究をディフェンスする理論武装は十分にできていなかった。「サヘルの森」のアイデア

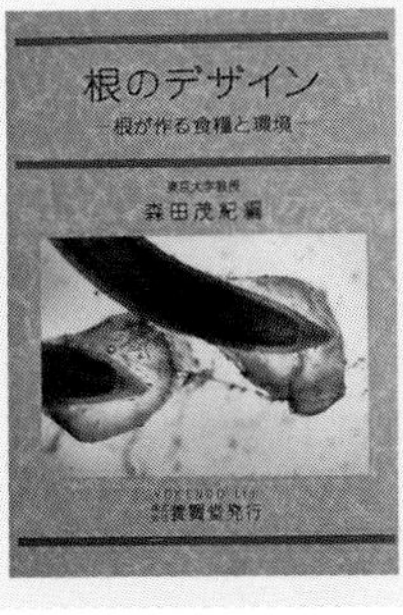

根のデザイン
①達成目標としての理想型根系
②根系の形態と機能の制御技術
③根系の形態と機能の測定評価

図12-1　「根のデザイン」

を利用すればそれができることに気がつき、「根のデザイン」という観点を理論化・体系化して、従来の研究成果を再整理することを試みた（図12-1、森田 2003）。

第1のポイントは、作物の理想型根系（山内 1996）がどのようなものであるかを解明することである。繰返しになるが、作物を栽培する場合、耕起・施肥・灌漑等の重要な栽培管理作業は土壌を介して根に働きかけるものである。

したがって、根系を構成する個々の根がいつ、どこに、どれくらい形成されて、どのように機能するかを理解することが必要である。

理想型根系がどういうものであるかを解明することは容易でないが、乾燥地における植物の根については考えやすい。

「サヘルの森」が戦略としたように、乾燥地では深い根が有利であることは間違いない。ただし、このような常識的なことも、科学的データできちんと裏づけることは容易ではない。

また、ストレスの内容や程度が異なれば理想型根系も当然異なるであろうし、複数のストレスに対して保険をかける必要もあるので、理想型根系がどういうものかを解明することは難しい。

そもそも、理想型根系を一意に定義できるかどうかも分かっていないのである（山内 1996）。

第2のポイントは、理想型根系を実現するための技術開発である。達成目標としての理想型根系がどういうものかを解明できたとしても、それで問題解決とはならない。

理想型根系を作り出すために、根系の形態と機能を制御するための技術を開発しなければ意味がない。育種と栽培のいずれの手法を選択するかを含めて、技術開発が必要である。

地上部の形態や機能ならまず育種ということを考えるが、根系育種における有用変異の選抜と固定には時間と労力が必要となるため、根系の育種には手を出しにくい。

最近は根系育種の成功事例も出てきているが（Uga *et al.* 2013）、現場対応を考えると時間と労力がかかる育種だけでなく、「栽培で根を作る」という戦略にも大きな魅力がある。

達成目標（理想型根系）の解明と実現技術（根系の形態・機能の制御技術）の開発はどちらが後先ということはなく、セットとしてバランスよく進めていく必要がある。このように整理すれば農学における根系の研究を意義づけ、体系化することができると考えた。

ただし、もう1つ課題が残る。それは目の前にあるイネの根系の形態と機能をどのように測定して、どのように評価するかということである。

水稲の茎葉部の生育調査では通常は草丈を測り、茎数を数え、葉齢（出現した葉の数を利用して示した生育段階）を記録する。収穫期には破壊的調査で葉面積

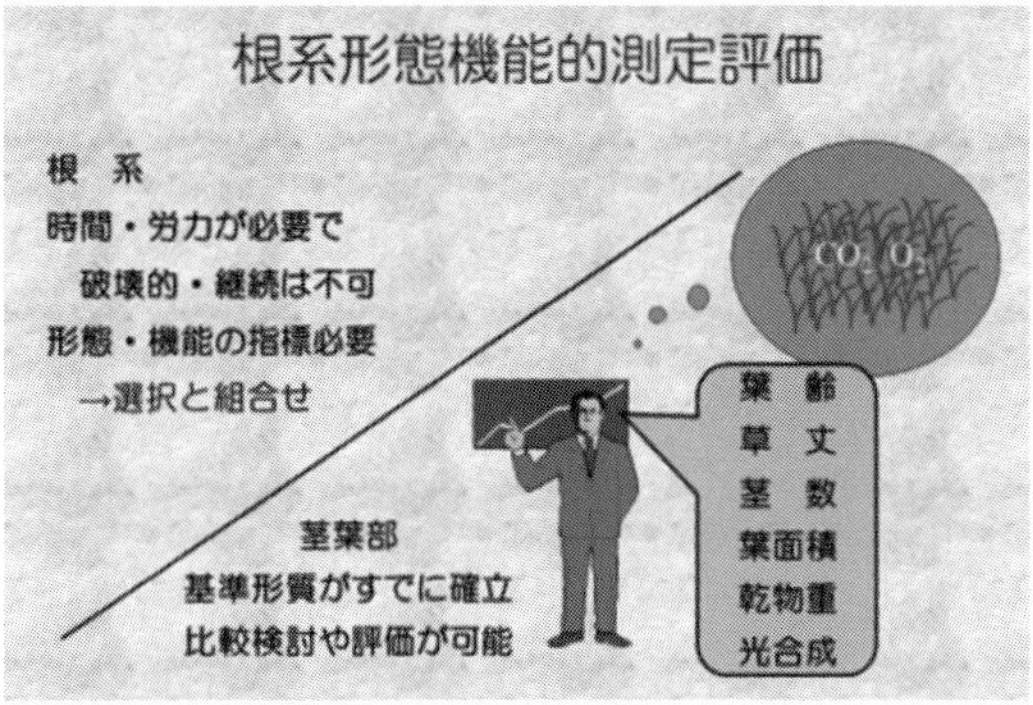

図12-2　茎葉部の根系の形質（阿部 1996）

や乾物重を測定することもある。

このように茎葉部の生育調査は標準化されており、品種の違いや栽培条件を比較することが可能である。

これに対して、根系の場合は何をどのように測ったらよいか、いまだに標準化されていない（阿部 1996、図12-2）。そのため、異なる根系の形態および機能を比較したり、同じ根系を追跡することが難しい。

根長や根重もどのように測定するか標準化されていなければ比較は難しいし、根系調査法が発達しても調査結果の蓄積が十分になければ、測定値をどのように評価すればよいかが分からない。

すなわち、根の形態と機能の測定と評価をどうするかが「根のデザイン」の第3のポイントである。

このように「サヘルの森」が経験的に生み出した「根をデザインする」というアイデアを考察した結果、3つのポイントを提示することができた。

すなわち、①達成目標としての理想型根系を解明すること、②理想型根系を実現するために制御技術を開発することが必要である。また、①と②をバランスよく進めるためには、③根系の形態と機能をどのように測定し、どのように評価するかが問題になる。

農学における根系研究ではこの3つのポイントに重

点をおいて、その成果を現場に還元していくことが期待される（森田 2003）。

2. 根の診断・評価・調節

本書では、イネの根系の形態と機能についてこれまでに明らかになっている研究成果を取捨選択して整理し、最後に「根のデザイン」という観点から簡単に考察した。本書の結語として、理想型根系（山内 1996）がどういうものか、それをどのように作るかについて、科学と経験に基づいて著者がどのように考えているかを示しておきたい。

茎葉部の形態や収量構成要素との関係から、根系は比較的大きく、深く分布し、多くの伸長根から構成されていることが望ましい。

伸長根以外のいじけ根やしじしの尾状根などの特殊な形態をした冠根は、根への養分供給が十分でなかったり、土壌条件が劣悪だったりした場合に発生すると考えられる。そのため、栽培条件や土壌条件の改善を試みるきっかけにはなるが、これらの根自体に大きな機能的役割があるとは考えにくい。

根系を構成する個々の伸長根は白くて（やや赤みがかっていてもよい）太く、適度に分枝しているものがよいと考えられる。また、根端長が長いことは、太い根が勢いよく伸長していることを示している。

以上が形態学的な観点からみた多収イネの根系であり、米作日本一表彰事業の多収イネで得られている知見（朝日新聞農業賞事務局 1971）とほぼ同じになる（田中 1976、山﨑 1999）。

もう1つは生理学的な観点からのポイントで、出液速度で代表される根の活力が高いこと、とくに登熟期間における根の老化過程がゆっくり進むことが大切と考える（森田 2022a）。

このような根系をデザインして、良食味米を安定的に十分に供給するためにはどうすればいいのであろう。すぐに思いつくことは優秀な品種特性をもったイネを適切に栽培することである。すなわち、栽培に関しては耕起、施肥、灌漑である。一般には深く耕し、適切な時期に必要最少量の窒素をあたえる。ただし、水管理は一般化が難しく、常に中干しや間断灌漑がよいとは限らない。

一方、土づくりが重要であることは多くの農業者が体験している。いずれにしても、「根づくり」が重要で、そのためには根をとりまく土壌環境を整えること、すなわち「土づくり」が肝心である。

結局は栽培システム全体を作り上げることが重要で、イネをみながら栽培するという農業者が長年にわたって経験から得た知恵にたどり着くことになる。

したがって、先に指摘した通り、根のつくりと働きを診断するための指標の開発が必要である。それ自体が根の研究の最終目的ではないが、現場で役に立つ根の診断と調節の方法論がなければならない。

現時点では根の形や色に加え、出液速度を利用した根の活力の測定と評価が望ましいと考えている。これらの形質に着目して理想型根系に近いものにコントロールしていくことが肝心である。

根の診断と評価の標準化が進み、調節技術とともに現場に還元されていくことを期待している（森田 2023）。

3．稲作と根の研究の今後

本書は日本の食料や農業の問題を直接論ずるものではないが、日本の食料安全保障がエネルギー安全保障とともに危機的状況にあることは認識しておかなければならない。食料自給率は40％を切っており、世界各地で国際紛争が多発したり、中国の食料輸入が増加したりしている。したがって食料はお金を出して買ってくればいいという状況がいつ崩れるか分からない（鈴木 2022）。

アメリカや多国籍企業によって変容された日本の食においては、価格ベースの食料自給率がそこそこあることで安心はできず、飼料となる穀物自給率がさらに低いことは食料安全保障にとって大問題である。また、輸入食料が多いことは食料の安全性を確保するためにも不利といわざるを得ない。

このような状況のなかで、日本が今後の食をカロリー・品質・食味・栄養などの総合的な観点からどのようなものにするべきかを考えなければならない。

現在日本では人口減少と少子高齢化が進み、農業者も数が減り高齢化が進んでいる。このような状況で、水田を中心とした農地を保全しながら食料の自給率や安全保障を確保していく必要がある（森田 2022b）。

案外見過ごされているのが耕地利用率（耕地で1年間に何回作物を栽培するかの％表示）を上げながら農業を再構築していくことである。

産業的農業と自給的農業（渡部 1989）を一括

して議論することは難しいが、いずれにしても単独の要素技術の開発だけで問題は解決しないことは確かである。

本書でも米作日本一表彰事業を例にとって考察したように、稲作では品種開発と栽培システムの構築が基本であり、その多くは根の生育と活力を上げること、老化を抑制することにポイントがありそうである。

10a当たり1tを超える多収が現在では再現できないことの1つの理由は、個別要素技術によって土づくりや根づくりが代替できると考えられるようになってきたことにあるのではないだろうか。第7章でみたように、時間と労力を必要とする堆肥施用は、部分的には窒素肥料の分施によって代替できるが、それだけですべてをカバーできるわけではなさそうである。

すなわち、作物栽培の基礎となる根と土壌が作る生態系は複雑であるために、個別要素技術の組合せで代替することが難しいのであろう。

したがって、水稲を中心とした作物栽培を安定的に改善していくためには、田畑輪換や水田の高度利用によって、かつて水田酪農があったように耕畜連携を含む循環型複合農業を基礎とすべきではないだろうか。そして、土壌生態系のなかで根の活力を発揮させることが重要である。

ただし、根の活力を発揮させ維持していくためにはまだ解明されなければならない問題も多い。とくに異なる生育段階における根の活力の違い、根系における根の機能分担についての解明が必要である。

喫緊の課題として、地球温暖化の問題がある。著者が東京大学からアメリカ合衆国オレゴン州にある研究所に派遣され、外国人客員研究員としてコムギの根系について研究している頃（1988～1989年）には、グロースチャンバーという小型の閉鎖空間内で作物に高濃度の二酸化炭素をあたえて生育におよぼす影響を検討する研究が非常に多く行なわれていた。しかし、研究が進むにしたがって、グロースチャンバーを使って研究を行なっても、開放系のフィールドとの生育の様相そのものが異なっていることが分かってきた。

そこで、開放系の畑・草原・森林などで高濃度の二酸化炭素を与えるFACE（free-air CO_2 enrichment 開放系大気CO_2増）というプロジェクト実験が行なわれるようになった。

しかし、湛水状態でイネを栽培する水田ではFACEプロジェクトが行なわれていなかった。そこで、1987年から高濃度二酸化炭素条件下でのイネの生育と生産技術を検討する「Ｒｉｃｅ ＦＡＣＥプロジェクト」が岩手県雫石で実施された（小林 ２００１）。

著者もこのプロジェクトに参加する機会を得て、高濃度二酸化炭素によってイネ根系の老化が促進されることを明らかにできた（Morita *et al.* 2005）。地球温暖化対策としても、根系に注目した検討が必要であろう。

著者は、日本の食と農の課題を、人口問題を背景として食料問題・環境問題・資源エネルギー問題のトリレンマとして捉えている。このような「農学２．０」の観点（森田 ２０１８）からアプローチする場合、根のデザインを実現するための技術開発の重要性はより一層増している。

ＩＴ技術を利用したスマート農業が注目されている。もちろん、そういう一見高度な要素技術の開発が展開されていくことは歓迎すべきことである。しかし、さらに高度な課題として農業生態系、とくに根を含む土壌生態系の機能を十分に発揮させることが必要である。

すなわち、水田における農業生態系の機能を高く維持しながら、日本の食農デザインを実現するためには、根の研究が基盤となる。とくに、それぞれの生育段階においてどの根が、どのような役割を果たしているかというシステム論の展開が重要である。現時点における到達点を整理した本書がその一助となることを望んで本書を閉じたい。

おわりに

著者は長年にわたり、作物栽培の観点から水稲を中心とした作物の根系研究に携わってきた。川田信一郎の最後の弟子としてどこまで研究を展開できたか心もとないが、研究成果が日本作物学会賞や根研究学会賞、そして日本農学賞・読売農学賞として高い評価を得たことは、誠に光栄なことである。

川田は水稲の根に関する多くの論文を執筆しており、それに基づいた著書としては、『水稲の根』（川田　1982a）と『写真図説　イネの根』（川田　1982b）の2冊がある。前者は解説が付されているが基本的に論文集であるため、研究者であっても専門が異なるとアクセスが容易ではないところがある。

一方後者は、前者の論文集の内容を農業者向けに整理して『現代農業』に連載した内容を取りまとめたものである。自らの研究成果を踏まえて水稲の根に関する知見が整理されている。ただ、時代の制約から写真の解像度が必ずしも高くないものは差し替えた方がよく、その後の研究成果を加えて整理し直すことが必要と考えて改訂版について農山漁村文化協会にご相談したところ、改訂版ではなく新版を作成する方向に話が進んだ。

そこで、著者が常勤職を退くにあたり、川田が主宰したグループの研究成果を再整理し、著者の研究成果も加えて発育形態学的・機能形態学的な観点からイネの根に関する研究成果の到達点を取りまとめることにした。その機会をあたえて頂いた農山漁村文化協会に深く感謝申し上げる。また、同協会の荘司博史氏には最初の読者として多くの有益なアドバイスを頂いたことは有難かった。

本書の内容に限らず根の研究を進めるにあたり、川田信一郎のほか、旧農村通信社や「サヘルの森」などの実践者や、根研究学会を中心としたネットワークのメンバー、とくに阿部　淳氏（現在、東海大学教授）と山内　章氏（現在、名古屋大学教授）には大きな啓発を頂いてきた。心よりお礼を申し上げる。お二人にはお忙しいなかを原稿に目を通して頂き、有益なコメントを頂いた。ただし、本書にミスや勘違いが残っているとすれば、すべて森田の責任である。

イネの根についてここまで明らかになっているということを踏まえて、現在および未来の研究者がさらに研究成果を積み上げてくれることを期待している。

本書のポイントを改めて整理すると以下のようになる。①根系は、多くの冠根と側根から構成されている。②個々の冠根と側根は、基部からの光合成産物などの転流に基づく内的要因と、土壌の物理化学的特性に基づく外的要因の影響を受けて生育が決まる。③個々の冠根と側根の組織構造は基本的に同じであり、それぞれの直径に対応して異なる。側根は細い冠根と考えることができる。④根は先端生長を示し、生育する部位が内外の環境条件に対応し、異なる根の間に補償的関係が働くことが多いため、根の生育や形態は様々であり、最終的にできあがる根系全体は可塑性が非常に大きい。⑤多収イネの形態には共通した特徴が認められることが多く、反対にそういう根系を作ることが多収をあげることにつながる可能性がある。⑥個々の根の活力は出現伸長後、比較的早い時期に低下するが、出穂期あたりまでは随時新しい根がそれをカバーしていく。⑦多収イネは根の老化が遅い特徴がありそうで、老化を遅らせる方法の開発が1つのヒントになる可能性が高い。⑧以上のことを踏まえ、理想型根系の解明と根系管理技術の開発を行なう「根のデザイン」を提示したい。両者を実現させるためには、根系や根の測定と評価も必要である。

農学的に残された課題は、形成時期が異なる個々の根が収量形成においてどのように役割分担しているか、それを踏まえて根のデザインをどのように進めていくかということと考えている。そのためには科学的研究の展開だけでなく、現場における農業者の経験的な知恵の蓄積が役立つはずであり、結局、川田信一郎がいう現場主義に行きつくことになる。

創立50周年記念．日本作物学会：42-48.
山﨑耕宇（1978）水稲冠根の生育を観察するための“葉挿し”法について．日本作物学会紀事 47（3）：440-441.
山﨑耕宇・森田茂紀・川田信一郎（1981）水稲冠根の伸長方向と直径との関係．日本作物学会紀事 50（4）：452-456.
山﨑耕宇（1982）解説．川田信一郎　水稲の根―その生態に関する形態形成論的研究―論文集（私家版）．農山漁村文化協会．15-23.
山﨑耕宇・原田二郎（1984）農家水田に生育した水稲の１次根数と収量構成要素との関係．日本作物学会紀事 53（3）：320-325.
山﨑耕宇・阿部 淳（1987）水稲根の形態と出液速度との関係．日本作物学会紀事 56（別1）：176-177.
山﨑耕宇・阿部 淳（1988）水稲１次根の出液量の測定．日本作物学会紀事 57（1）：246-247.
山﨑耕宇（1999）揺籃期の根系研究．農業および園芸 74（11）：1167-1172.
山本由徳（1997）作物にとって移植とは何か―苗の活着生態と生育相―．農山漁村文化協会．
矢野悟道（1977）群落の構造と機能．伊藤秀三編　群落の組成と構造．朝倉書店．252-326.

菅 徹也・山﨑耕宇 (1988) 水稲の生育に伴う根の量的形質の変化および根量と葉の量との生長相関．日本作物学会紀事 57 (4)：671-677.

Suga, T., Nemoto, K., Abe, J. and Morita, S. (1988) Analysis on root system morphology using a root system density model. I. The model. *Japanese Journal of Crop Science* 57 (4)：749-754.

鈴木宣弘 (2022) 世界で最初に飢えるのは日本 食の安全保障をどう守るか．講談社.

田畑清光・手塚利正 (1934a) 陸稲の生育と表土の深浅及び施肥量の多少との関係に就いて (前編)．日本作物学会紀事 6 (3)：335-350.

田畑清光・手塚利正 (1934b) 陸稲の生育と表土の深浅及び施肥量の多少との関係に就いて (後編)．日本作物学会紀事 6 (4)：442-474.

田中典幸 (1976) 多収稲根群の形貌とその生育環境．農業および園芸 51：377-380.

Taylor, H. M. ed. (1987) *Minirhizotron Observation Tubes：Methods and Application for Measuring Rhizosphere Dynamics* (ASA Special Publication Number 50). ASA, CSSA, Madison.

丁 主一 (1933) 水稲の根の研究 第１報．農業及び園芸 8：109-118.

丁 主一 (1937) 水稲の根の研究 第２報．農業及び園芸 12：830-838.

Uga, Y. *et al.* (2013) Control of root system architecture by DEEPER ROOTING 1 increases rice yield under drought conditions. *Nature Genetics* 45：1097-1102.

渡部忠世 (1989) 産業および生業としての農業．放送大学教育振興会.

Weaber, J. E. (1926) Root Development of Field Crops. McGraw-Hill.

山田 登・村田吉男・長田明夫・猪山純一郎 (1954) 作物の呼吸作用に関する研究 (第6報) 水稲根に対する地上部からの酸素の供給．日本作物学会紀事 22 (3, 4)：55-56.

Yamada, N. and Ohta, Y. (1957a) Physiological character of rice seedlings. *Proceedings of the Crop Science Society of Japan* 25 (3)：165-168.

Yamada, N. and Ohta, Y. (1957b) Physiological character of rice seedlings (Ⅱ). *Proceedings of the Crop Science Society of Japan* 26 (2)：78-80.

山口武視・津野幸人・中野淳一・真野玲子 (1995) 水稲茎基部からの出液に関する要因の解析．日本作物学会紀事 64 (4)：703-708.

山口武視・肝付いづみ・田中朋之・中野淳一 (2001) 出液の無機成分分析による根の生理活性および養分吸収強化の試み．日本作物学会紀事 70 (別2)：206-207.

山内 章 (1996) 植物根系の理想型．博友社.

山﨑耕宇 (1977) 根.「日本作物学会50年の歩み」刊行部会編 日本作物学会50年の歩み,

紀事 66 (別1)：216-217.
小柳敦史 (1998) 深さの定量化による作物根系の新しいとらえかた. 日本作物学会紀事 67 (1)：3-10.
境垣内岳雄・森田茂紀・阿部 淳・山口武視 (2005) 水稲における追肥後の窒素吸収の経時変化. 日本作物学会紀事 74 (3)：285-290.
Sakaigaichi, T., Morita, S., Abe, J. and Yamaguchi, T. (2007) Diurnal and phenological changes in the rate of nitrogen transportation monitored by bleeding in field grown rice plants (*Oryza sativa* L.). *Plant Production Science* 10 (3)：270-276.
佐々木 修・山﨑耕宇・川田信一郎 (1981) 水稲における２次根の直径と組織構造との関係. 日本作物学会紀事 50 (4)：457-463.
佐々木 喬 (1932) 水稲の根群の形貌に関する予報. 日本作物学会紀事 4 (3)：200-225.
佐藤健吉 (1937) 水稲の根の発育に就て. 朝鮮総督府農事試彙報 9：357-378.
佐藤健吉 (1941) 水稲の生育時期による発根力の変化. 日本作物学会紀事 12 (4)：301-314.
佐藤健吉 (1942a) 水稲苗の地上部剪除による発根促進に関する研究. Ⅰ. 水稲苗の発根に及ぼす茎葉剪除の影響. 日本作物学会紀事 13 (3, 4)：229-238.
佐藤健吉 (1942b) 水稲苗の地上部剪除による発根促進に関する研究. Ⅱ. 育成方法を異にせる苗の地上部剪除と発根促進に就て. 日本作物学会紀事 14 (1)：33-41.
佐藤健吉 (1945) 水稲の苗代播種量と苗の発根力に就て. 日本作物学会紀事 15 (1, 2)：7-13.
Schurr, U. (1998) Xylem sap sampling – new approaches to an old topics. *Trends in Plant Science* 3：293-298.
下田代智英・稲永忍・森田茂紀 (2003) 根系形態の測定と評価. 森田茂紀編　根のデザイン—根が作る食糧と環境—. 養賢堂. 18-30.
副島 洋・杉山民二・石原 邦 (1990) 安定同位体希釈法による水稲品種アケノホシと日本晴の出液中のサイトカイニンの比較. 日本作物学会紀事 59 (別2)：141-142.
Soejima, H., Sugiyama, T. and Ishihara, K. (1992) Changes in cytokinin activities and mass spectrometric analysis of cytokinins in root exudates of rice plant (*Oryza sativa* L.). *Plant Physiology* 100：1724-1729.
Songmuang, P., Abe, J. and Morita, S. (1997) Application of rice straw compost to lowland rice and its effects on root morphology in Thai paddy field. *Root Research* (*Special Issue*) 1：32-33.

—. 根の研究 32 (2)：43-53.
本林 隆・成岡由規子・和田 誉・平沢 正 (2004) 不耕起無代掻き水田で栽培された水稲の乾物生産特性—耕起代掻き水田で栽培された水稲との比較. 日本作物学会紀事 73 (2)：148-156.
長井 保・俣野敏子 (1959a) 根の特性からみた栽培稲品種. Ⅲ. 根の鉄被膜量について. 日本作物学会紀事 28 (1)：4-6.
長井 保・俣野敏子 (1959b) 根の特性からみた栽培稲品種. (Ⅳ) 鉄被膜形成と根の活力及び塩基置換容量. 日本作物学会紀事 28 (2)：208-210.
長井 保・俣野敏子 (1961) 根の特性からみた栽培稲品種. Ⅵ. 鉄被膜形成と三要素吸収. 日本作物学会紀事 29 (2)：191-194.
長野敏英・石田朋靖・森田茂紀 (1993) 植物体内の水分状態とその制御に関する研究 (４) —種々の根の通水抵抗について—. 生物環境調節 31 (3)：147-153.
中元朋実・山崎耕宇 (1988) 雑穀類の栄養器官および通導組織間の量的相互関係—第3報 １次根における通導組織の量的観察. 日本作物学会紀事57 (3)：490-495.
Nemoto, K., Morita, S. and Baba, T. (1995) Shoot and root development in rice related to the phyllochron. *Crop Science* 35：24-29.
根の事典編集委員会編 (1998) 根の事典. 朝倉書店.
「日本作物学会50年の歩み」刊行部会編 (1977) 日本作物学会50年の歩み, 創立50周年記念. 日本作物学会.
日本作物学会編 (2003) 温故知新—日本作物学会創立75周年記念総説集. 日本作物学会.
農業生物系特定産業技術機構編 (2006) 最新農業技術事典. 農山漁村文化協会.
大橋善之・静川幸明 (2000) 水稲の登熟期間における出液速度の品種間差異と地温の影響. 根の研究 9 (2)：61-64.
大川泰一郎・小林のり子・平沢 正・石原 邦 (1997) 水稲の登熟期における出液中のサイトカイニンおよび無機態窒素の変化—日本晴とアケノホシの比較. 日本作物学会紀事 66 (別2)：125-126.
大沼洋康・坂場光男 (2003) 砂漠緑化と根系の生育. 森田茂紀編 根のデザイン. 養賢堂. 186-194.
折谷隆志・葭田隆治 (1970) 作物の窒素代謝に関する研究. 第７報 作物体の溢泌液および各器官における可溶態窒素化合物について. 日本作物学会紀事 39 (3)：355-362.
折谷隆志・森田茂紀・萩沢芳和・阿部 淳 (1997) 農家水田において移植栽培した水稲の乳苗および稚苗の収量, 出液速度および出液中のサイトカイニン濃度. 日本作物学会

(2)：195-201.
森田茂紀・李 義珍・楊 惠沐（1997b）中国福建省における水稲の畝立栽培．第８回根研究集会講演要旨資料集．4.
森田茂紀・阿部 淳（1999a）農家水田で栽培した水稲の出穂後の出液速度と穂重．日本作物学会紀事 68（別2）：168-169.
森田茂紀・阿部 淳（1999b）農家水田で栽培した水稲の出穂後の出液速度と穂重との関係．日本作物学会関東支部会報 16：42-43.
森田茂紀・阿部 淳（1999c）植物の根に関する研究の課題．日本作物学会紀事 68（4）：453-462.
森田茂紀・豊田正範（2000）メキシコ合衆国バハカリフォルニア州の沙漠地域で点滴灌漑栽培したトウガラシおよびメロンの収穫期における出液の速度と成分．日本作物学会紀事 69（2）：217-223.
森田茂紀（2000）根の発育学．東京大学出版会.
森田茂紀（2001）作物形態学講座6 ライフサイクルと生育診断. 日本作物学会紀事 70（2）：271-275.
森田茂紀・阿部 淳（2002）水田で栽培した水稲の出液速度の日変化および生育に伴う推移．日本作物学会紀事 71（3）：383-388.
森田茂紀（2003）根のデザインとは．森田茂紀編　根のデザイン．養賢堂．1-9.
Morita, S., Sakaigaichi, T., Abe, J., Kobayashi, K., Okada, M., Shimono, H., Yamakawa, Y., Kim, H-Y. and Hasegawa, T.（2005）Structure and function of rice root system under FACE condition. *Journal of Agricultural Meteorology* 60（5）：961-964.
森田茂紀・田島亮介監訳（2008）根の生態学．シュプリンガー・ジャパン（de Kroon, H. and Visser, E. J. W. eds. 2003. Root Ecologgy. Springer-Verlag）
森田茂紀（2018）農学2.0と農学リテラシー．東京農業大学「現代農学概論」編集委員会編「現代農学概論―農のこころで社会をデザインする．朝倉書店．5-11.
森田茂紀（2019）適正技術のデザイン．森田茂紀編 デザイン農学概論．朝倉書店.12-22.
森田茂紀（2020）根系の形態と機能を読む〔8〕．農業および園芸 95（11）：997-1005.
森田茂紀（2021）根系の形態と機能を読む[16].農業および園芸96（10）：927-938.
森田茂紀（2022a）水稲根系の形態と機能を読む―現場から学び，現場に還すには―．農業 194：42-50.
森田茂紀（2022b）食農デザインという考え方．日本食育学会誌 16（2）：61-69.
森田茂紀（2023）根研究会の設立趣旨―できるだけ手を抜いて，会員の役に立つことを雑誌 13：309-313.
三浦肆玖樓（1933）排水地と停滞水地との稲田に於ける水稲の根の発育関係．日本作物学会紀事 5（3）：305-313.
三浦肆玖樓（1934）排水地と停滞水地との稲田に於ける水稲の根の発育関係（続報）．日本作物学会紀事 6（2）：207-211.
三浦肆玖樓（1935）排水地と停滞水地との稲田に於ける水稲の根の発育関係.（続々報）．日本作物学会紀事 7（2）：134-138.
森敏夫（1960）水稲根における組織の分化と発育に関する解剖学的考察．東北大農研彙報11：159-203.
森本 勇（1940）陸稲の根に就いて．日本作物学会紀事 12（3）：233-242.
Morita, S., Suga, T., Haruki, Y. and Yamazaki, K.（1988a）Morphological characters of rice roots estimated with a root length scanner. *Japanese Journal of Crop Science* 57（2）：371-376.
森田茂紀・菅 徹也・山﨑耕宇（1988b）水稲における根長密度と収量との関係．日本作物学会紀事 57（3）：438-443.
Morita, S., Suga, T. and Nemoto, K.（1988c）Analysis on root system morphology using a root system density model. Ⅱ. Examples of analysis of rice root systems. *Japanese Journal of Crop Science* 57（4）：755-758.
森田茂紀・山﨑耕宇（1990）根系．松尾孝嶺編 稲学大成 第１巻 形態編．農山漁村文化協会，東京.120-142.
森田茂紀・根本圭介（1993）水稲１次根の空間的分布を評価するための方法．日本作物学会紀事 62（3）：359-362.
Morita, S. and Nemoto, K.（1995）Morphology and anatomy of rice roots with special reference to coordination in organogenesis and histogenesis. Balska, F. et al. eds. *Structure and Function of Roots. Kluwer*. 75-86.
Morita,S., Lux, S., Enstone, D. E., Peterson, C. A. and Abe, J.（1996） Reexamination of rice seminal root ontogeny using fluorescence microscopy. *Japanese Journal of Crop Science* 65（extra issue 2）：37-38.
森田茂紀・阿部 淳（1997）写真で見る根の診断 色と形から根の活力を知る．現代農業 1997年8月号,180-185.
森田茂紀・萩沢芳和・阿部 淳（1997a）ファイトマーの数と大きさに着目したイネの根系形成の解析—ポット試験による根量の品種間差異の解析—．日本作物学会紀事 66

imaging system. *Plant Physiology* 125：1743-1754.
小林和彦（2001）FACE（開放系大気CO_2増加）実験．日本作物学会紀事 70（1）：1-16.
鯨幸夫（2003）水稲の栽培と根系．森田茂紀編　根のデザイン—根が作る食糧と環境—．養賢堂．98-104.
熊沢正夫（1979）植物器官学．裳華房．
楠谷彰人・崔 晶・豊田正範・浅沼興一郎（2000）多収性水稲の品種生態に関する研究—出液速度の品種間差異—．日本作物学会紀事 69（3）：337-344.
Lyndon, R. F.（1990）Plant Development, *the cellular basis*. Unwin Hyman.
前川文夫（1969）植物の進化を探る．岩波書店．
桝田正治（1989）トマトおよびキュウリの真昼と真夜中における木部いっ泌液の無機成分濃度．園芸学雑誌 58：619-625.
Masuda, M., Tanaka, T. and Matsunari, S.（1990）Uptake of water and minerals during the day and the night in tomato and cucumber plants. *Journal of Japanese Society of Horticultural Science* 58：951-957.
桝田正治・島田吉裕（1993）トマト木部いっ泌液の無機成分濃度の日変化およびその濃度に及ぼす光照度と苗齢の影響．園芸学雑誌 61：839-845.
松田秀雄（1931）水田状態と畑状態とに於ける稲根の発育の相違に就いて．日本作物学会紀事 3（4）：336-341.
松島省三（1973）稲作の改善と技術．養賢堂．
松崎昭夫・松島省三・富田豊雄・勝木依正（1972）水稲収量の成立原理とその応用に関する作物学的研究．第109報 穂揃期窒素追肥が倒伏抵抗性根の活力収量及び品質におよぼす影響．日本作物学会紀事 41（2）：139-146.
間脇正博・森田茂紀・菅 徹也・岩田忠寿・山﨑耕宇（1990）幼穂形成期から出穂期にかけての遮光処理が水稲の根系の形成および収量に及ぼす影響．日本作物学会紀事 59（1）：89-94.
三原千加子（2009）無代掻き栽培した水稲の生育収量と出液速度．日本作物学会紀事 78（4）：471-475.
Minshall, Wm H.（1964）Effects of nitrogen-containing nutrients on the exudation from detopped tomato plants. *Nature* 202：925-926.
Minshall, Wm H.（1968）Effects of nitrogenous materials on translocation and stump exudation in root systems of tomato. *Canadian Journal of Botany* 46：363-376.
三井進午・石井泰一（1939）水稲の炭素同化作用に対する窒素追肥の影響．土壌肥料学に分枝の際における導管連絡について．日本作物学会紀事 46 (4)：569-579.
川田信一郎・森田茂紀・山﨑耕宇（1978a）水稲冠根の根端における導管および篩管の分化の順序について. 日本作物学会紀事 47 (1)：101-110.
川田信一郎・副島増夫・山﨑耕宇（1978b）水稲における“うわ”根の形成量と玄米収量との関係. 日本作物学会紀事 47 (4)：617-628.
川田信一郎・松井重雄（1978）水稲冠根の伸長に伴う直径の変化について．日本作物学会紀事 47 (4)：629-636.
川田信一郎・原田二郎・山﨑耕宇（1978c）水稲茎部に形成される冠根始原体の数および直径について．日本作物学会紀事 47 (4)：644-654.
川田信一郎・エルアイシー, S.M.・山﨑耕宇（1979a）環境条件が水稲における“いじけ”根の形成におよぼす影響について. 日本作物学会紀事 48 (1)：107-114.
川田信一郎・鄭 元一（1979b）水稲冠根における根毛の形成，とくに表皮細胞の微細構造などについて. 日本作物学会紀事 48 (1)：115-122.
川田信一郎・鈴木 茂・山﨑耕宇（1979a）水稲冠根における“初生根冠”の離脱過程. 日本作物学会紀事 48 (2)：303-310.
川田信一郎・森田茂紀・山﨑耕宇（1979b）水稲冠における導管および篩管の数について. 日本作物学会紀事48 (4)：502-509.
川田信一郎・佐々木 修・山﨑耕宇（1980a）水稲根における分枝の様相，冠根の直径と分枝との関係について. 日本作物学会紀事 49 (1)：103-111.
川田信一郎・山﨑耕宇・片野 学（1980b）水稲 1 株の根群を構成する伸長した冠根数と穂数との関係. 日本作物学会紀事 49 (2)：317-322.
川田信一郎・副島増夫（1980）水稲に見出される“ししの尾状”根の実験的再現．日本作物学会紀事 49 (4)：582-586.
川田信一郎（1982a）川田信一郎先生退官記念事業実行委員会編 水稲の根―その生態に関する形態形成論的研究―論文集（私家版). 農山漁村文化協会．1-9.
川田信一郎（1982b）写真図説 イネの根．農山漁村文化協会.
木戸三夫・武舎武保（1954）通気と水稲の生育特に根の形態及び呼吸との関係. 日本作物学会紀事 23 (1)：16-20.
Kiyomiya, S., Nakahashi, H., Uchida, H., Tsuji, A., Nishiyama, S., Futatsubashi, M., Tsukada, H., Ishioka, S., Watanabe, S., Ito, T., Mizuniwa, C., Osa, S., Matsuhashi, S., Hashimoto, S., Sekine, T. ad Mori, S. (2001) Real time visualization of 13N-translocation in rice under different environmental conditions using position emitting tracer

川田信一郎・原田二郎・山﨑耕宇（1972）水稲茎部における冠根始原体の形成について．日本作物学会紀事 41（3）：296-309.
川田信一郎・副島増夫（1974）水稲における“うわ根”の形成過程，とくに生育段階に着目した場合の一例．日本作物学会紀事 43（3）：354-374.
川田信一郎・石原愛也・松井重雄・咲花茂樹（1975）水稲種子根の培養，とくに糖の種類および供給方法が根の生育に及ぼす影響．日本作物学会紀事44（1）：93-108.
川田信一郎・松井重雄（1975）水稲種子根の培養，とくに生育期間中に胚盤培地の糖条件を変更した場合．日本作物学会紀事 44（3）：293-300.
川田信一郎・原田二郎（1975）水稲の冠根始原体におけるorganization，とくに出根までについて．日本作物学会紀事 44（4）：438-47.
川田信一郎・副島増夫（1976）水稲根の生育，とくに“うわ根”の形成と堆肥施用との関係について．日本作物学会紀事 45（1）：99-116.
川田信一郎・鄭 元一（1976）水稲の分枝根における根毛形成について．日本作物学会紀事 45（3）：436-442.
川田信一郎・副島増夫（1977）水稲における“うわ根”の形成と水管理との関係について．日本作物学会紀事 46（1）：24-36.
川田信一郎・丸山幸夫・副島増夫（1977a）水稲における根群の形成について，とくに窒素施肥量を変更した場合の一例．日本作物学会紀事 46（2）：193-198.
川田信一郎・石原愛也（1977）水稲根における根端（root apex）の大きさ，根端-側根・長（root apex-lateral distance）および伸長速度の相互関係について．日本作物学会紀事 46（2）：228-238.
川田信一郎・副島増夫・田吹亮一（1977b）水稲における“うわ根”の形成と窒素の施肥法，とくに追肥との関係．日本作物学会紀事 46（2）：254-260.
川田信一郎・片野 学・山﨑耕宇（1977c）水稲における根群の形態形成について，とくに湿田・乾田に着目した場合の一例．日本作物学会紀事 46（2）：261-268.
川田信一郎・西牧 清・山﨑耕宇（1977d）水稲冠根における根端の組織について．日本作物学会紀事 46（3）：393-402.
川田信一郎・松井重雄（1977）水稲冠根の出根後における根端近傍の皮層組織，とくに皮層層数について．日本作物学会紀事 46（3）：403-413.
川田信一郎・原田二郎（1977）水稲冠根の始原体における直径の形成について．日本作物学会紀事 46（3）：423-430.
川田信一郎・佐々木 修・山﨑耕宇（1977e）水稲の冠根と分枝根の基本的な組織ならび

Jiang, D. A., Hirasawa, T. and Ishihara, K. (1994a) Depression of photosynthesis i rice plant with low root activity following soluble starch application to the soi *Japanese Journal of Crop Science* 63 (3) : 531-538.

Jiang, D. A., Hirasawa, T. and Ishihara, K. (1994b) The difference of diurnal changes i photosynthesis in rice plants with different root activities induced by soluble starc application to the soil. *Japanese Journal of Crop Science* 63 (3) : 539-545.

Kang, S-Y. and Morita, S. (1994) Root growth and distribution in some Japonica-indic hybrid and Japonica type rice cultivars under field conditions. *Japanese Journal o Crop Science* 63 (1) : 118-124.

河西祐太郎・阿部 淳・森田茂紀 (2003) 陸稲，水稲品種間の出液速度の変異とその形態的要因. 根の研究 12 : 204.

片山 佃 (1951) 稲・麦の分蘖研究. 養賢堂.

川合通資 (1942) 旱魃に因り不稔となりたる稲の根群の観察. 日本作物学会紀事 14 (2) : 192-193.

川田信一郎・石原 邦 (1959) 水稲の根における根毛の形成について. 日本作物学会紀事 27 (3) : 341-348.

川田信一郎・石原 邦 (1962) 水稲冠根における根毛の生理的寿命の推定，RNAに着目した場合について. 日本作物学会紀事 30 (4) : 334-337.

川田信一郎・山﨑耕宇・石原 邦・芝山秀次郎・頼 光隆 (1963) 水稲における根群の形態形成について，とくにその生育段階に着目した場合の一例. 日本作物学会紀事32 (3) : 163-180.

川田信一郎・芝山秀次郎 (1965) 水稲冠根における分枝根始原体の形成，とくにその形態的様相について. 日本作物学会紀事 33 (4) : 423-431.

川田信一郎・頼 光隆 (1967) 水稲冠根の内皮細胞におけるカスパリー点について. 日本作物学会紀事 36 (1) : 75-84.

川田信一郎・石原愛也・角田昌一 (1968) 水稲種子根の培養，とくに胚盤を有する種子根などを用いた場合について. 日本作物学会紀事 37 (3) : 447-453.

川田信一郎・副島増夫 (1969) 水稲の“うわ根”における“ししの尾状根”の形成と土壌条件との関係，とくに水管理に着目した場合について. 日本作物学会紀事 38 (3) : 442-446.

川田信一郎・高田寿雄 (1972) 水稲冠根における分枝根始原体の形成，とくにその根端近傍において最初に形成される部位について. 日本作物学会紀事 41 (2) : 111-119.

本作物学会紀事 21 (1, 2)：14-15.
Eshel, A. and Beeckman, T. eds. (2013) Plant Roots, *The Hidden Half*. 4th ed. CRC Press.
藤井義典 (1961)稲・麦における根の生育の規則性に関する研究．佐賀大農学彙報 12：1-117.
古畑昌巳・副島 洋・石原 邦 (1994) 水稲稈基部からの出液速度と出液中のサイトカイニン濃度の品種間差について．日本作物学会関東支部報 9：15-16.
Galamay, T. O., Yamauchi, A., Nonoyama, T. and Kono, Y. (1992) Acropetal lignification in protective tissues of cereal nodal root axes as affected by different soil moisture conditions. *Japanese Journal Crop Science* 61 (3)：511-517.
Gewin, V. (2010) An underground revolution. *Nature* 466：552-553.
原田二郎・前田忠信・山﨑耕宇 (1986) 植付苗数を異にする水稲１次根の伸長方向別分布. 日本作物学会紀事 55 (別1)：62-63.
林 政衛・小中伸夫・五十嵐暁三 (1957)作季を異にする水稲の生態に関する研究 第Ⅰ報 泥炭質強湿田に於ける早期栽培稲の黒色根及び濃褐色根の発生経過 第Ⅱ報 千葉県内の各種水田に於ける早期栽培稲の黒色根及び濃褐色根の発生量. 日本作物学会紀事 25 (4)：210-211.
平沢 正・荒木俊光・石原 邦 (1983)水稲葉身体基部の出液速度について．日本作物学会紀事 52 (4)：574-581.
Hirasawa, T., Tsuchida, M. and Ishihara, K. (1992) Relationship between resistance to water transport and exudation rate and the effect of the resistance on the midday depression of stomatal aperture in rice plants. *Japanese Journal of Crop Science* 61 (1)：145-152.
平山正賢・根本博・平澤秀雄 (2007)圃場栽培した中生・晩生熟期日本陸稲品種の根系発達速度と耐干性との関係．日本作物学会紀事76 (2)：245-252.
星川清親・新田洋司 (2023) 新版解剖図説 イネの生長. 農文協.
稲田勝美 (1967)水稲根の生理特性に関する研究—とくに生育段階ならびに根のageの観点において—.農技研報D16：19-156.
岩槻信治・石黒 迅 (1936)水稲の根の伸長量に就て．農業及び園芸 11：1287-1296.
蒋 才忠・平沢 正・石原 邦 (1988)水稲多収性品種の生理生態的特徴について—アケノホシと日本晴の比較—．第2報 個葉光合成速度の相違とその要因．日本作物学会紀事 57 (1)：139-145.

引用文献

Abe, J., Nemoto, K., Hu, D., X. and Morita, S. (1990) A nonparametric test on differences in growth direction of rice primary roots. *Japanese Journal of Crop Science* 59(3) : 572-575.

Abe, J. and Morita, S. (1994) Growth direction of nodal roots in rice : its variation and contribution to root system formation. *Plant and Soil* 165 : 333-337.

阿部 淳 (1996) 農業に寄与する「根」研究の課題．農業および園芸 71 (7) : 772-776.

阿部 淳・森田茂紀・萩沢芳和 (2000) ポット栽培したイネの登熟期におけるファイトマーの数・大きさと根量との関係．根の研究 9 (3) : 131-134.

阿部 淳・森田茂紀 (2002) 登熟期における出液速度の推移からみた多収性穂重型水稲品種の特性．根の研究 11 (2) : 86.

阿部 淳・森田茂紀 (2003) 栃木県農家水田において乳苗移植栽培した水稲の根系調査事例―ファイトマーに基づく形態解析と出液速度による機能評価―．根の研究 12 (1) : 9-13.

阿部 淳・折谷隆志・森田茂紀・萩沢芳和 (2003) 水稲乳苗移植栽培における本田の根系形成―栃木県の農家水田における調査事例―．農業および園芸 78 (4) : 498-504.

阿部淳 (2003) イネ根系の形態と機能に関する研究．東京大学博士論文.

安藤 豊・庄子貞雄・相沢喜美 (1985) 水田土壌中における穂肥窒素の挙動について．土壌肥料学雑誌 56 : 53-55.

安間正虎・小田桂三郎 (1957) 根系調査法．戸刈義次他　作物試験法．農業技術協会．137-155.

Araki, H., Morita, S., Tatsumi, J. and Iijima, M. (2002) physio-morphological analysis on axile root growth in upland rice. *Plant Production Science* 5 (4) : 286-293.

朝日新聞農業賞事務局 (1971) 米作日本一20年史．朝日新聞社.

Delhon, P., Gojon, A., Tillarad, P. and Passama, L. (1995) Diurnal regulation of NO_3 uptake in soybean plants. I . Changes in NO_3- influx, and N utilization in the plants during day/night cycle. *Journal of Experimental Botany* 4 : 1585-1594.

土井弥太郎 (1952a) 作物の根の酸化力に関する研究．第１報 作物および雑草の種類による差異．日本作物学会紀事 21 (1, 2) : 12-13.

土井弥太郎 (1952b) 作物の根の酸化力に関する研究．第２報 水稲と大豆との関係．日

ま

や

ら

な

は

さ

た

索　引

あ

か

著者略歴

森田　茂紀（もりた　しげのり）

1954年神奈川県横浜市生まれ。1976年東京大学農学部卒業、1983年東京大学大学院農学系研究科博士課程修了。農学博士。東京大学教授や東京農業大学教授、日本作物学会会長や根研究学会会長を歴任。現在、東京大学名誉教授、国際根研究学会副会長。日本農学賞、気候変動アクション環境大臣賞など受賞多数。著書に『根の発育学』や『根のデザイン』など多数。

イネの根
形態・機能・活力を読み解く

2024年2月15日　第1刷発行

著　者　森田　茂紀

発行所　一般社団法人　農山漁村文化協会
〒335-0022　埼玉県戸田市上戸田2-2-2
電話　048(233)9351(営業)　048(233)9355(編集)
FAX　048(299)2812　振替　00120-3-144478
URL　https://www.ruralnet.or.jp/

ISBN978-4-540-22175-0　DTP製作／(株)農文協プロダクション
〈検印廃止〉　印刷／(株)新協

製本／根本製本(株)
Printed in Japan　定価はカバーに表示
乱丁・落丁本はお取り替えいたします。